耕地重金属污染
及第三方治理研究

◎ 孙炜琳　王瑞波　黄圣男　姜　茜　著

中国农业科学技术出版社

图书在版编目（CIP）数据

耕地重金属污染及第三方治理研究 / 孙炜琳等著 .—北京：
中国农业科学技术出版社，2019. 1

ISBN 978-7-5116-4028-4

Ⅰ. ①耕…　Ⅱ. ①孙…　Ⅲ. ①耕地-土壤污染-重金属污染-污染防治-研究　Ⅳ. ①X53

中国版本图书馆 CIP 数据核字（2019）第 019157 号

责任编辑　崔改泵
责任校对　马广洋

出 版 者　中国农业科学技术出版社
北京市中关村南大街 12 号　邮编：100081
电　　话　(010)82109194(编辑室)　(010)82109702(发行部)
(010)82109709(读者服务部)
传　　真　(010)82106650
网　　址　http://www.castp.cn
经 销 者　各地新华书店
印 刷 者　北京建宏印刷有限公司
开　　本　880mm×1 230mm　1/32
印　　张　5
字　　数　120 千字
版　　次　2019 年 1 月第 1 版　2019 年 1 月第 1 次印刷
定　　价　50. 00 元

前　言

耕地重金属污染量大面广，隐蔽性强，治理难度大，事关农产品产地环境安全、农产品质量安全和人民群众健康，已成为最为突出的农业环境污染问题之一，治理耕地重金属污染迫在眉睫。2014 年，环境保护部和国土资源部联合发布的全国首次土壤污染状况调查公报显示，全国土壤重金属污染总的超标率为 16.1%，耕地土壤污染点位超标率高达 19.4%。据国家环境保护部统计，我国受重金属污染农业耕地超过 2 000万公顷，每年被重金属污染的粮食达 1 200余万吨，造成的直接经济损失超过 200 亿元。我国耕地重金属污染总体不容乐观，形势严峻。

国家高度重视耕地重金属污染治理，2012 年农业部会同财政部启动实施全国农产品产地土壤重金属污染综合防治研究项目。2013 年，湖南“镉大米”事件引起中共中央、国务院和全社会高度关注，耕地重金属污染问题随之被推到了风口。2014 年起，农业部会同财政部率先在湖南省长株潭地区启动重金属污染耕地治理试点工作，安排 11.56 亿元专项资金，试点范围包括长株潭 19 个县市区 170 万亩重金属污染耕地。这是中央财政首次以空前力度支持耕地重金属污染治理修复试点，旨在探索出一条在全国可借鉴、可复制、可推广的重金属污染耕地治理道路。2015—2016 年，再次投入 30 亿元，加大试点工作支持力度，巩固治理成果，总结推广治理经验。经过

3 年试点，耕地重金属治理修复工作取得了显著成效。

但是总体来看，我国耕地重金属污染治理处于试点探索阶段，还没有在全国大面积开展，仍然面临投入不足、治理效率不高、投融资机制不健全、社会参与程度低等问题，尤其是市场主体培育严重滞后。为破解难题，探索创新第三方治理机制模式，2016 年，湖南省在长沙市望城区、浏阳市，株洲市株洲县、醴陵市、攸县，湘潭市湘乡市等县市区试点第三方治理，特别是长沙市望城区农业局、林业局与永清环保股份有限公司正式签订了重金属污染耕地修复试点整区承包项目服务合同，“打响了耕地重金属污染第三方治理的第一枪”。在总结望城区等县（区）推进第三方治理的经验基础上，湖南省 2017 年在长株潭试点区全面推行第三方治理，并建立了省政府统一领导、市政府统筹协调，县（市、区）政府具体负责的工作机制。

为贯彻落实《国务院办公厅关于推行环境污染第三方治理的意见》（国办发〔2014〕69 号），有效破解耕地重金属污染治理市场发展的难题，亟须以湖南耕地重金属污染治理试点为契机，充分借鉴湖南耕地重金属污染第三方治理的成熟经验和做法，探索建立我国耕地重金属污染第三方治理模式机制，加大耕地重金属污染治理修复市场主体培育力度，加快构建耕地重金属污染治理修复的长效机制。

本书共分 8 章。第一章阐述了耕地重金属污染及第三方治理的背景和意义。第二章对耕地重金属污染、环境污染第三方治理、农业领域环境污染第三方治理、耕地重金属污染第三方治理的概念和内涵进行了界定，并梳理了外部性理论、污染担负者理论、公共治理理论、委托代理理论等相关理论。第三章分析了我国耕地重金属污染的总体情况、面临的主要问题和在治理方案、技术措施、工作进展等方面取得的成效。由于目前耕地重金属污染第三方治理没有成熟的经验可以借鉴，第四章和第五章阐述了我国环境污染第三方治理发展历程和存在问题；介绍了日本环境污染第三方治理的经验。希望通过对环境污染的第三方治理研究能够给耕地重金属污染第三方治理带来一些启示和借鉴。湖南省开创了耕地重金属污染第三方治理的先河，第六章详细介绍了湖南耕地重金属污染第三方治理试点情况，第三方治理的做法与成效，影响第三方治理的问题与挑战，并从政府层面和企业层面总结了第三方治理的运行机制。农户认知和参与程度决定了耕地重金属污染及第三方治理的推进与成效，第七章基于对长沙市、湘潭市和株洲市 212 户农户的问卷调查，采用多元有序 Logistic 模型分析农户对耕地重金属污染的认知和满意度。第八章在前述研究基础上，从制度设计、中央财政支持、政策扶持、支撑平台、分级治理、推广试点经验等方面提出有关建议。

本书的完成得到了中国农业科学院农业经济与发展研究所硕士研究生张田野、田家榛的大力支持。张田野参与了第一章、第二章、第三章、第四章、第五章部分内容写作，田家榛收集了大量文献资料并参与部分内容写作，对他们的辛苦劳动表示衷心感谢。由于作者水平有限，书中难免有不妥之处，恳请广大读者批评指正。

著　者

2018 年 12 月

目　录

第一章　研究背景及意义

一、背　景

民以食为天，食以安为先。耕地是农业发展的物质基础，也是国家粮食安全和农产品质量安全的源头保障。耕地重金属污染常被称作“化学定时炸弹”，是农产品质量安全的重大潜在隐患，事关农产品产地环境安全、农产品质量安全、人民群众健康和社会稳定，成为党和政府关注、社会关切、群众关心的重大问题之一。

我国耕地重金属污染不容乐观，形势严峻。耕地重金属污染量大面广，隐蔽性强，治理难度大，已成为最为突出的农业环境污染问题之一，污染治理迫在眉睫。国家高度重视耕地重金属污染治理，2012 年农业部会同财政部启动实施全国农产品产地土壤重金属污染综合防治研究项目，开展农产品产地土壤重金属污染普查和动态监测，建立农产品产地安全预警机制，进行产地安全等级划分和分级管理，开展重金属污染耕地治理修复和种植结构调整等工作。

湖南是农业生产大省，长期以来水稻播种面积和总产量均居全国首位。同时，湖南也是有色金属之乡，耕地土壤重金属背景值偏高，加之稻田不断酸化，耕地重金属活性增强，农产品质量安全风险明显提升。根据湖南多年对农业环境的定位监测，污染耕地的重金属主要有铅、砷、镉、汞、铬，其中以镉污染突出，湖南省被重金属污染的耕地面积大约 1 420万亩（15 亩 = 1hm^2。全书同），其中重度、轻度污染面积分别为 470 万亩和 950 万亩。重金属污染耕地主要分布在湘江流域、洞庭湖区及其他区域的工矿周边农区，湘江流域污染最重，被污染的农产品主要是水稻和蔬菜，水稻污染最重。2014 年起，农业部会同财政部率先在湖南省长株潭地区启动重金属污染耕地治理试点工作，试点三年多，取得了显著成效。

为贯彻落实《国务院办公厅关于推行环境污染第三方治理的意见》，有效破解耕地重金属污染治理市场发展的难题，亟须以湖南耕地重金属污染治理试点为契机，充分借鉴湖南耕地重金属污染第三方治理的成熟经验和做法，探索建立我国耕地重金属污染第三方治理模式机制，加大耕地重金属污染治理修复市场主体培育力度，加快构建耕地重金属污染治理修复的长效机制。

二、意　义

耕地重金属污染防治对于生态环境安全、人类身体健康、农业可持续发展意义非凡。

第一，有利于耕地质量恢复，保障粮食安全。研究证明，多数重金属在土壤中相对稳定，一旦进入土壤，很难在生物物质循环和能量交换过程中分解，从而对土壤的理化性质、土壤生物特性和微生物群落结构产生明显不良影响，影响土壤生态结构和功能的稳定。重金属污染的土壤，其微生物生物量比正常使用粪肥的土壤低得多，并且减少了土壤微生物群落的多样性。另外，所种植的农作物中可能含有过量重金属，食用会对人体健康带来严重损伤。因此，进行耕地重金属污染防治，有利于耕地质量的恢复，保障农作物健康生长，有利于保障国家粮食安全，让人们吃上放心粮。

第二，有利于农民增收，社会稳定。耕地重金属污染所引起的耕地质量下降，农作物质量安全不过关，进而导致作物减产、滞销，甚至收购商拒收等问题，已经直接威胁到农户的家庭收入。因此，解决污染区域农产品销售问题，提高农民收入，保障社会健康稳定，耕地重金属污染治理刻不容缓。

第三，防止交叉污染，控制污染进一步扩大。现阶段新污染频频出现，如不采取行动，防治耕地重金属污染，存在交叉感染的可能性非常大。随着经济迅速发展，各种新型工业企业如雨后春笋般不断出现，加之城市和农村生活方式的转变，旧的污染尚未解决，新的污染又已出现。耕地重金属污染在近几年愈演愈烈，重金属污染的不仅是土壤，在循环规律和生物链的作用下，也会波及正在治理的水污染、大气污染以及有毒有害物质污染等。而含重金属污染元素的污水、大气会在自然界中二次污染耕地土壤。此外，不规范的使用农药化肥，无章法的堆积固体废弃物等也会反作用于耕地土壤，加重重金属污染程度。因此，耕地重金属污染防治是杜绝重金属污染物质损害生物尤其人体健康的关键，是防止污染面进一步扩大的根本举措。

第二章　相关概念与理论基础

一、相关概念

（一）耕地重金属污染相关概念

1. 重金属

重金属一般情况下是指比重大于5.0（或密度大于4.5g/cm^3）的金属元素的总称，在自然界中大约有45种，这在元素周期表中占了大约40%。作为发育于地球的岩石、累积在地球表面的土壤，重金属是它天然的组分，岩石类型不同，土壤重金属含量也不同，因此从人为规定的土壤环境质量标准来衡量，有的就是天然的超标，有的则是有很低的背景值。以镉为例，在牙买加发育于鸟粪形成磷块岩的土壤中Cd浓度很高，可达931mg/kg，堪称世界之最，而发育于火成岩的土壤中镉则很低，土壤本底值只有0.001~0.6mg/kg（平均0.12mg/kg）。不同重金属在土壤中的性质千差万别，重金属土壤—作物系统中的迁移能力也千差万别。依据重金属在土壤—植物系统中的迁移能力，可大概分为四类。第一类重金属元素在土壤中极难溶解，这类元素在土壤中哪怕含量再高也不会影响动物、植物和人体健康，例如金、钛、钇等；第二类重金属元素在土壤中难迁移，不容易被植物吸收，在正常土壤中也不会从土壤影响到人体，如砷、汞、铅；第三类重金属较容易被植物吸收，但在高浓度下其毒性优先表现在植物体内，如铜、锌、锰、钼等；第四类重金属，它们的毒性一般不会表现在植物身上，而会透过植物让其毒性表现在动物和人体上，这类重金属有钴、钼、硒、铊和镉等。土壤和稻米镉污染，之所以能够引起社会公众的高度关注，就是因为它的高毒性、致癌性以及在环境介质中的高迁移性。

2. 土壤重金属污染

土壤重金属污染是指由于人类的活动将重金属带入土壤中，致使土壤重金属含量明显高于其自然背景值，并造成生态破坏和环境质量恶化的现象。随着人口快速增长、工业生产规模不断扩大、城镇化的快速发展、农业生产大量施用化肥农药以及污水灌溉等，许多有害物质进入土壤系统，土壤重金属污染已成为全球面临的一个严重环境问题。土壤重金属污染会引起土壤的组成、结构和功能发生变化，微生物活动受到抑制，有害物质或分解产物在土壤中逐渐积累，通过“土壤→植物→人体”或“土壤→水→人体”间接被人体吸收，危害人体健康。

3. 土壤重金属污染特征

一是形态多变。化合价不同则毒性不同的不同价态的毒性不同，例如，铬有多种不同的化合价态，其化学性质较为稳定的有六价铬和三价铬。普遍认为，六价铬的细胞毒性比三价铬大，其主要原因是三价铬不易通过细胞膜。汞能以元素汞、一价汞和二价汞三种状态存在，其中，二价汞的毒性大于一价汞，而且以有机汞形式存在的毒性最大。离子态的重金属较络合态的毒性大，如离子态的镉和铅的毒性远大于其络合态。一般重金属离子浓度在1~10mg/L时即可产生毒性，毒性较强的Cd和Hg在更低浓度时就会产生毒性，土壤中重金属的存在形态决定了其生物有效性和迁移性，离子在迁移转化过程中涉及的物理变化有扩散、混合、沉积等；化学变化有氧化还原、水解、络合、甲基化等。

二是隐蔽性和滞后性。水体和大气的污染通常能被人体的感官所发现。然而，对于土壤重金属的污染则难以通过感官察觉，往往当重金属进入食物链影响到人的健康状况才能反映出来。因此这是一个漫长的、逐步累积的过程，具有明显的隐蔽性。另外，由于其隐蔽性，在没有对污染源企业严格监控的情况下，监管部门很难做到时时跟进，表现出一定的滞后性，且一旦发生危害，其治疗是十分困难的。例如，20 世纪 60 年代在日本富山县神通川流域发生的“痛痛病”，直到 70 年代才发现是由于当地居民长期食用镉污染的大米所导致。

三是不可逆性和长期性。土壤的重金属污染则是一个不可逆的过程，进入土壤环境中的重金属在自然条件下很难消失或被稀释。因此，重金属对植物的危害和对整个土壤生态环境的破坏不容易得到恢复。当重金属污染物进入土壤中后，对土壤的污染基本是不可逆转的过程。在没有采取人工治理时，重金属污染物将持久污染地块。如北京市污灌区已经使大片农田受到重金属和合成有机物的污染。自 20 世纪 40 年代起，北京郊区就开始利用工业废水和生活污水进行农田灌溉，到 80 年代末期，北京地区污灌农田已达 8 万 hm^2，重金属长期滞留在土壤中，很难消除。

四是累积性和地域性。土壤是一个十分复杂的多相体系和动态的开放体系，其固相中所含的大量黏土矿物、有机质和金属氧化物等能吸持进入其内部的各种污染物，特别是重金属元素，进而在土壤中发生累积，当累积量超过土壤自身的承受能力和允许容量时，就会造成土壤污染。此外，由于重金属污染物在土壤中并不会扩散和稀释，很容易长期积累到高浓度，表现为一定的地域性。

五是健康威胁。土壤中的重金属主要通过食物链对人类健康产生危害，主要表现为致癌、致畸、致突变甚至可能致死的效应。如镉可引起人全身性疼痛，骨骼变形，身躯萎缩等；铅可引起神经系统造血系统及血管的病变，引起消化机能紊乱，还可影响儿童智力发育等。由于土壤重金属污染具有隐蔽性和不可逆性的特点，所以在重金属污染严重的土壤上生产的粮食和蔬菜极大地威胁着人类的健康。

4. 土壤重金属污染危害

一是危害农作物生长。农作物是重金属污染的直接受害者。重金属随土壤和灌溉水源进入农作物体内，导致其体内相关生物酶的活性受到不利影响，产生出诸如过氧化氨或乙烯等物质，农作物的代谢变得缓慢，酶的活性受到抑制，进而对农作物本身造成伤害。如镉可能会引起农作物体内氨基酸蛋白质失去活性，最终造成植物体的死亡。如果农作物体内重金属含量过高，还有可能会抑制 Mg、N、P、K 等有益元素的吸收运作能力，使其有效性降低。此外，耕地土壤中如果金属镍的含量过高对小麦吸收氮的过程产生负面影响；高浓度的镉还能使玉米对磷的吸收量显著下降；铬、汞、铜等重金属元素能对水稻、蔬菜等造成污染，直接影响食物安全。

二是影响土壤生态结构和功能稳定性。大多数重金属在土壤中相对稳定，一旦进入土壤，很难在生物物质循环和能量交换过程中分解，难以从土壤中迁出。从而对土壤的理化性质、土壤生物特性和微生物群落结构产生明显不良影响，影响土壤生态结构和功能的稳定。大量研究证明：重金属污染的土壤，其微生物生物量比正常使用粪肥的土壤低得多，并且减少了土壤微生物群落的多样性。

三是威胁人体健康。人类是重金属污染的间接受害者。重金属污染的土壤，农产品质量下降，最终通过食物链进入人体内，造成对人类健康的损害。此外，重金属还会通过空气水体等介质间接威胁人体健康，人体内摄入过量的重金属元素会引起头晕目眩、失眠多梦、精神错乱、记忆力下降，严重者会造成风湿性关节炎、骨痛病、冠状动脉硬化等疾病，甚至引发皮肤癌、肝癌、鼻咽癌等一系列癌症以及造成慢性中毒等。著名的日本水俣病事件，是由于作为工业催化剂的汞制剂进入工业废水通过灌溉等途径进入水体和土壤，其高浓度的汞元素也经微生物的循环变为甲基汞，进入生态链，最终直接或间接造成对各种动物和人类健康的伤害。

四是破坏农业生态环境。我国耕地土壤重金属污染中的“重金属元素”主要有铅元素、镉元素、汞元素、铬元素、镍元素和“类金属”（如砷）六大类，其中前五种对生物体毒害最大。由于这些无机重金属不溶于水，通过水循环等途径进入生物体内，渐而生成毒性更大的含重金属元素的有机物，对环境造成破坏。重金属最初是以天然形态存在于自然界中，后来随着工业化发展得越来越成熟，导致了人类开始大规模开采重金属并对其进行冶炼加工，难免会造成一些重金属以各种形态进入大气、水体及耕地土壤中，进而使环境遭到破坏。

五是妨碍农业可持续发展。从农业资源角度来说，农业可持续发展就是充分开发、合理利用一切农业资源包括农业自然资源和农业社会资源，合理协调农业资源承载力与经济发展的关系，提高资源转化率，使农业资源在时间和空间上优化配置，达到农业资源永续利用，使农产品能够不断满足当代人和后代人的需求。因此农业的可持续发展，对中国整个国民经济健康发展乃至社会长治久安，至关重要。土壤环境质量是农业生态系统的主体与核心，在整个生态环境质量中占据显要位置。受重金属污染的土壤，会使土壤结构发生变化，供给植物生长发育所必需的水分和营养元素的能力降低，从而导致农田减产。重金属污染严重的土壤甚至不能再进行耕种，还会影响到水、大气、生物的物质和能量交换，所以在一定程度上妨碍了农业的可持续发展。

5. 土壤重金属污染的来源

（1）外源污染

一是空气中重金属粉尘的沉降。重金属开采、冶炼、加工等工业生产活动和汽车尾气等向空气中排放的废气包含大量的重金属粉尘，这些粉尘随着空气流动而扩散，重金属粉尘经自然沉降到附近地表并经雨淋等进入地下。污染物主要分布在工矿企业周边地区和运输交通线的两侧。重金属相关工业发达城市的厂矿地区附近地表污染明显，如湖南省湘江流域等地区。

二是采矿和冶炼。金属矿石冶炼过程中产生的废气、废水、废渣以及开采产生的尾矿，随着矿山排水或雨水进入水环境或直接进入土壤环境，造成土壤重金属的污染。其中含有的重金属在雨水和地表水流的冲洗、渗透作用下通过土壤孔隙向四周和纵深的土壤迁移，造成地表和地下水系的重金属污染。目前矿区周围土壤重金属的污染较为严重。

三是固体废弃物。固体废弃物成分繁多，种类复杂，由于种类不同而具有不同的危害方式和污染程度，其主要来源是工业废渣、污泥、城市垃圾等。由于污泥中含有一定的养分，因而可用来作为肥料使用，城市生活污水处理厂的污泥含氮量为0.8%～0.9%，含磷量为0.3%～0.4%，含钾量为0.2%～0.35%，有机质含量为16%～20%，如混入工业废水，重金属的含量将会增加。这样的污泥如在农田中使用不当，势必造成土壤污染。另外，随着我国畜牧生产的发展，产生了大量的家畜粪便及动物产品加工过程中产生的废弃物，这类农业废弃物中含有植物所需 N、P、K 和有机质，同时由于饲料中添加了一定量的重金属盐类，因此作为肥料施入土壤增加了 Zn、Co 等重金属元素的含量。

四是交通运输。随着汽车工业的快速发展和机动车拥有量的快速增长，机动车尾气既是城市大气的主要污染源，也是公路两侧土壤重金属污染的主要来源。机动车运行中的尾气中含有大量的 Pb、Cu、Zn 和 Cd 等重金属，其排放使大气粉尘中重金属含量升高，并通过大气沉降进入土壤。

（2）内源污染

一是农药、化肥的不合理使用。施用含有铅、汞、锡、砷等的农药和不合理的使用化肥都有可能导致土壤的重金属污染。20 世纪我国曾大量使用含有汞、砷等的剧毒农药，长期施用导致土壤中的相关重金属超标。磷矿石一般伴生多种重金属（如镉等），在磷肥的加工生产过程中，难以全部去除重金属元素。当大量施用磷肥时，也很可能导致土壤重金属污染。

二是污水灌溉。部分重金属冶炼企业和其他生产企业基于成本原因，将大量富含重金属且未经过滤处理的工业污水直接排放到环境中。工业污水进入河流或湖泊使水体中重金属含量明显升高，导致了水体污染。随着含有重金属物质的污水大量灌溉农田、果园等耕作用地，土壤中重金属的含量迅速提高，造成污染。北方干旱作业区的污染灌溉面积占全国污染灌溉面积的 60%以上，部分地区含量已超过警戒线，且逐年增加。

6. 土壤重金属污染的类型

(1) 铅污染

铅是生活中常见的重金属，它最大的特点即是能在生物体内组织中进行积蓄。铅的来源也十分广泛，广泛分布于各种油漆、蓄电池、化妆品、餐具、五金以及膨化食品等中。正是由于铅这个重金属无处不在，导致其能通过皮肤接触、呼吸或进食等多个渠道进入生物体内，造成诸如贫血、神经系统受损以及肾脏机能失调等毒性效应。值得一提的是，无论是小孩或是老人、孕妇及免疫力低下的群体，都有可能成为铅中毒的受害者。铅对于水性农作物的安全指标为每升 0.16mg，工业废水中铅含量一般为每升 0.1~4.4mg，若用这样的水去灌溉农田，势必造成作物中铅元素含量超标，影响作物的正常发育。在人体中，标准的铅含量应控制在每升 0.1mg 以下，铅污染区人体的贫血等症状正是由于铅含量超标造成的，后果即是对神经系统造成损伤，由于婴幼儿大脑更为敏感，所以对于铅含量是否超标更为敏感，也更容易受其影响。

(2) 镉污染

镉作为重金属中的一员，虽不是人体内必需的元素，但毒性巨大，主要危害的是人体的肾脏等器官，造成泌尿系统受损；在骨骼中镉还能取代钙，使骨骼极易软化，引起人类周知的“骨痛病”；它还能造成肠胃功能受损，使生物体内的有关消化酶的正常工作受到干扰，引起高血压及并发症。镉的来源也很广泛，主要来自采矿、冶炼、电池以及化学等工业活动排出的废水废渣。日常生活中镉元素易存在于水果蔬菜、奶制品或磨菇中。人类中极易受到危害的人群有矿业工作者以及免疫力低下者等。在水环境中，如果镉的浓度在每升 0.1mg 内，镉

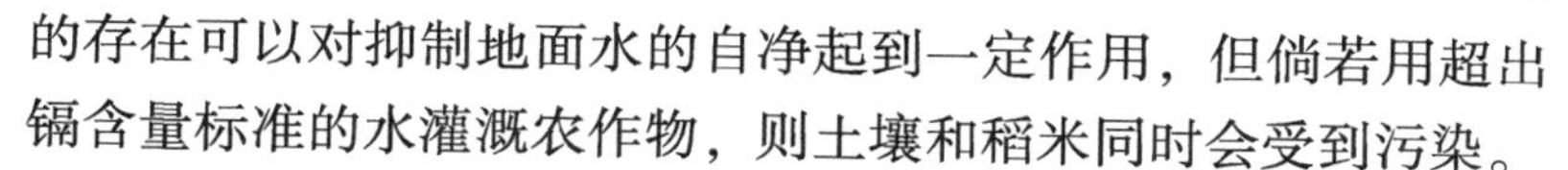

的存在可以对抑制地面水的自净起到一定作用，但倘若用超出镉含量标准的水灌溉农作物，则土壤和稻米同时会受到污染。

（3）汞污染

不仅是汞单质，就连含汞元素的化合物，也都是剧毒物质，在生物体内积聚后产生巨大危害。如金属汞通过血液进入大脑组织，然后不断蓄积，当浓度到达一定程度后则会造成对脑组织的损伤，紧接着含汞元素的化合物逐渐转移到其他器官并造成损害，可能导致肝炎或血尿。在自然环境的生物循环中，无机汞离子可能通过水体进入生物体转化为有机汞，最终通过食物链到达其他动物体内或人体，引发中毒现象。易受汞中毒危害的人群为长期食用海鲜的人士等，尤其对胎儿影响巨大。

（4）铬污染

铬污染来源十分广泛，包括工业颜料、生产原料（化妆品、橡胶、陶瓷等）、皮革产品、金属镀层等。人类或其他动物如不小心食用或饮用含铬元素的食物，极易导致以下症状：腹泻、过敏、支气管炎、湿疹、结核病、皮肤炎症等。其污染方式与上述几种污染相差无几，同样是通过无机转化为有机的渠道进入生物体内，最终对生物体造成危害。

（5）镍污染

镍污染指金属镍以及含有镍元素的化合物造成的污染。工业活动中，尤其是煅烧或冶炼环节，会产生诸如硫化镍或氧化镍等物质，这些物质均不溶于水，排放到大气中呈颗粒状，吸入人体内（尤其从事与金属镍有关的作业工人），易患鼻腔癌及肺癌。而后，当那些不溶于水的含镍化合物颗粒在大气中沉降，或含镍的工业废水以及被镍元素污染的动植物腐烂后，均会进入土壤造成土壤的镍污染。根据研究调查，我们发现，所有植物中，含镍元素量最高的是烟草植物。而在所有农作物中，我们就以水稻为例，镍的临界浓度值仅仅是20mg/kg。

（二）环境污染第三方治理

1. 概念

环境污染第三方治理指的是排污企业或者政府通过缴费或按合同约定支付费用，委托环境服务企业进行污染治理的模式。

长期以来，我国环境污染治理一直遵循“谁污染、谁治理”的理念，由排污企业自己治理环境污染，或者由政府设立专门的事业单位完成公共污染的治理。环境污染第三方治理模式则是对“谁污染、谁治理”的延伸和拓展，转变为“谁污染、谁付费、专业化治理”的新模式。在这一模式下，污染企业或者政府通过与第三方治理企业签订委托合同的形式，将污染治理工作全部或者部分委托给第三方企业，第三方企业则发挥其在环境污染治理方面的专业优势实现被委托工程的污染治理，并从中获得利润。委托合同所规定的第三方污染治理成效既可以是特定时间段内稳定污染物的达标排放，也可以是特定污染物排放的削减目标。第三方企业承担的污染治理既可以是覆盖项目工程设计、采购、安装、运营全过程的“委托治理服务”，也可以是针对现有污染治理设施或装置的“托管运营服务”。

2. 融资方式

一般来说，环境污染第三方治理主要采用的融资方式有PPP模式和TOT模式。PPP模式，即政府和社会资本合作模式（Public-Private-Partnership），是指政府为增强公共产品和服务供给能力、提高供给效率，通过特许经营、购买服务、股权合作等方式，与社会资本建立的利益共享、风险分担及长期合作关系。PPP 模式主要适用于政府有责任提供且适宜市场化运作的公共服务、基础设施类项目。开展政府和社会资本合作，有利于创新投融资机制，拓宽社会资本投资渠道，增强经济增长内生动力；有利于推动各类资本相互融合、优势互补，促进投资主体多元化，发展混合所有制经济；有利于理顺政府与市场关系，加快政府职能转变，充分发挥市场配置资源的决定性作用。TOT 模式，即移交—经营—移交（Transfer-Operate-Transfer）模式，指政府对其建成的基础设施进行资产评估，在此基础上，通过公开招标向社会投资者出让资产或特许经营权，投资者在购得设施或取得特许经营权后，组成项目公司，公司在合同期内拥有并负责运营和维护该设施，通过收取服务费回收投资并取得利润。合同期满后，投资者将运行良好的设施移交给政府。

3. 环境污染第三方治理的优势

环境污染第三方治理是一种融合政府引导、企业自律、社会资本参与和市场机制于一体的多中心现代环境治理机制，实现了环境污染治理机制的创新，主要表现在以下两方面。

一是对企业而言，降低治污成本，提高治污效率。传统的污染治理模式下，企业需要购置昂贵的技术设备对生产过程中产生的污染物进行处理；或者企业通过缴纳排污费用或罚款将治理污染的责任转嫁给政府，由政府负责对公共区域的污染物进行处理和处置。污染治理设备和基础设施的购置、建造和运行不论对单个企业还是政府而言，都是巨大的经济负担。企业作为追求自身利益最大化的市场主体，常常会无视环境保护的责任。在环境污染治理中引入第三方，能够较好地解决这一问题。排污企业以付费的形式将污染物交由第三方处理，第三方治理企业可以集中大量的财力和先进的技术，以更低的成本对区域内的污染物进行处理，规模经济效益显著。此外，由于存在规模经济，第三方收取的费用会小于企业自己进行污染治理所需要的成本。第三方治理企业是专业从事环境污染治理的企业，从技术角度而言能够对污染物进行更为有效的处理。

二是对政府而言，促进政府职能转变，提高监管效率。在传统的污染治理模式下，政府是政策制定者和监督者，甚至是服务的直接提供者，这种政企不分的情况容易导致生产效率低、耗费成本高等问题，实施第三方治理后，政府职能发生转变，改变了政府部门单打独斗的环境污染监管格局，政府由环境污染治理的主导者转化为环境污染治理的引导者和协作者，着重为第三方参与环境污染治理制定标准与法律规范，提供财政税收和融资政策支持，为第三方参与环境污染治理营造公平、公正的市场环境，同时，吸收公众和社会组织参与污染治理，提高环境污染治理的监管效率。与此同时，排污者与第三方企业之间的合同关系可以促使双方相互监督制约，能够有效控制单方违规违法排污行为的发生，一定程度上减轻了政府主管部门的监管压力。

综上所述，第三方治理模式以第三方治理企业为突破口，把市场机制引入环境污染治理，推行治污集约化、产权多元化、运行市场化。对政府而言，第三方治理模式能够降低投入成本、便于集中监管、降低执法成本；对企业而言，能够降低污染治理成本、提高达标排放率。

（三）农业领域环境污染第三方治理

我国在环境污染领域已经进行了第三方治理模式的探索，

服务涵盖的内容主要集中在工业园区污水、生活污水、生活垃圾、餐厨垃圾、工业固体废弃物等。但第三方治理模式在农业环境污染治理领域应用尚处于起步阶段。

目前第三方治理模式在病死畜禽无害化处理方面的应用较为成熟。通过建立病死畜禽无害化处理与保险联动机制，构建起“统一收集、集中处理”的处理体系，病死畜禽收集后，交由第三方专业化的病死畜禽无害化处理企业集中处理。政府与第三方治理企业签订病死畜禽无害化处理合同，按照病死畜禽处理数量向无害化处理中心付费。政府所付的处理费是第三方企业的主要收益来源，除此之外，无害化处理中心将病死畜禽加工处理为有机肥等产品也可获得一定的收益。

除此之外，四川省浦江县对畜禽粪污资源化利用的第三方治理模式进行了有益尝试，并成功引入 PPP 模式。当地政府通过公开招标的方式，选择具备专业沼肥处理、储运能力的第三方企业作为合作伙伴，由县农业局代表地方政府与第三方企业签订服务合同。第三方企业和政府共同出资购置抽施粪车辆，政府按照畜禽粪污的运输成本进行付费。第三方企业通过养殖户缴费、政府付费和销售沼肥获得收益。

由此可见，农业环境领域开展第三方治理，在解决农业污染问题的同时，第三方治理企业也能够获得收益，有效地维持第三方处理模式长效持续地运行。

（四）耕地重金属污染第三方治理

耕地重金属污染第三方治理指的是在“政府引导、企业主体、效益兼顾、长效运行”的原则指导下，推行政府购买服务与监理，选择有能力的环保企业、科研院所、新型农业经营主体等第三方参与重金属污染耕地修复治理与监理评估等工作。

与其他环境污染问题或者农业领域环境污染问题不同，湖南耕地重金属污染开展第三方治理有其独特性，主要表现在以下三点。

1. 政府是耕地重金属污染治理的责任主体

第三方治理的一个重要原则是污染者付费原则，其基本含义就是治理污染是污染者的法律责任，不可推卸，也就是必须首先明确产生污染的责任主体。但是，湖南省耕地重金属污染形成原因比较复杂，外源污染是耕地重金属重要的污染源。湖南有色金属矿藏丰富，矿藏中的重金属随着水体、空气的流动不断向周边环境迁移。根据当地组织专家对污染源的分析结果，大气沉降和灌溉水是耕地重金属镉的重要来源。因此，湖南耕地重金属污染并非是由企业或者个人的行为而造成的污染，在这样的情况下，必须由政府作为责任主体来承担对公共环境的治理。

2. 耕地重金属污染治理监管和协调难度大

对耕地重金属污染的治理修复，采取的是原位修复技术，即在土壤原有位置上施用化学药剂与重金属元素发生化学反应，或者采用农艺措施，使耕地中的重金属不再被植物根系吸收。这决定了耕地重金属污染的治理无法像生活污水、生活垃圾、病死畜禽和畜禽粪污那样通过公用设施进行集中处理，必须在面积广大的耕地上开展污染治理与修复工作，导致政府对第三方企业的重金属污染治理效果的监管难度加大。此外，我国农业种植多是小农户模式，耕地分散在农户手中，耕地重金属污染治理涉及千千万万的农户，协调工作难度大。

3. 耕地重金属污染第三方治理依赖于政府付费

在病死畜禽和畜禽粪污的第三方治理模式中，除政府付费和污染企业缴费外，第三方企业通过对污染物的处置，能够生产有机肥、生物炭等终端产品，通过出售产品获得收益，如果做好终端产品的销售，第三方企业可以产生稳定的收益来源，能够在政府补贴退出的情况下实现稳定运行。第三方治理企业在对耕地重金属污染进行治理和修复过程中，耕地上种植的水稻和水稻出售获得的收益均归农户所有，除了政府付费外，第三方企业没有其他的收益来源。因此，耕地重金属污染第三方治理模式必须依靠政府付费才能够运行和维持下去。

湖南耕地重金属污染的特殊性决定了在第三方治理的运行机制和政策制定方面，不能原封不动照搬其他农业环境污染治理的经验，只有从耕地重金属污染的特殊性出发，再辅以政府有效的监管，才能成为真正解决耕地重金属污染的有效手段。

二、相关理论

（一）外部性理论

外部性是指不存在市场交易的情况下，经济主体的经济行为对其他经济主体的利益产生影响。经济主体的行为可能对他人的利益产生有益的影响，即正外部性；也有可能产生不利的影响，即负外部性（杨瑞龙，1995）。一方面，能源、冶金和建筑材料等工矿企业生产中产生的含有重金属物质的尾矿、废渣或者洗矿废水、废渣经径流、淋溶、渗入等方式进入农田，或者生产中产生的气体和粉尘，经过自然沉降和降水等进入土壤，很容易在土壤中累积造成耕地重金属污染；另一方面，农民在农业生产中使用大量化肥、农药以及长期使用含有重金属的畜禽粪便作为有机肥，也可能造成土壤重金属积累，影响农产品质量，危及人体健康等，具有负外部性。

资源的社会成本是资源利用活动付出的机会成本的总和，由于外部性的存在，社会成本等于产品生产的私人成本和生产的外部性给社会带来的额外成本之和。理论上讲，工矿企业和农业生产者在配置资源时应仔细计算资源利用过程中产生的所有社会成本，既包括私人成本又包括外部成本。但由于我国环境保护起步晚，工矿企业环保意识淡薄，往往为了追求自身利益最大化而私自排放含有重金属的废水、废渣、气体和粉尘等，而不考虑负的外部性，使得社会成本和私人成本、社会收益和私人收益不一致（沈满洪，2000），把应当由生产者承担的外部成本由社会和环境承担，导致的直接后果就是农业资源破坏和农业面源污染的发生。

耕地重金属污染具有负的外部性。农民使用含有重金属的畜禽粪便土肥或有机肥，或使用大量化肥、农药等农用化学品，污染土壤，这是农业生产的负外部性；工矿企业为追求自身利益最大化，不对企业产生的废水、废渣、气体和粉尘等有害物质进行处理，这些重金属含量超标的废水、废渣经径流、淋溶、渗入等方式进入农田，气体和粉尘经过自然沉降和降水等进入土壤，在耕地中累积后造成耕地重金属污染，影响农产品品质，这是工矿企业生产的负外部性。但由于耕地重金属污染难监测，污染责任无法确定，污染者并不承担负外部性的后果，而是由国家和社会来承担。因此，治理耕地重金属污染首先必须要重视、解决这种外部性，通过引入第三方市场主体，实现污染治理行为与经济效益的有效结合。

（二）公共产品理论

公共经济学理论表明，社会产品包括私人产品和公共产品。由个人占有、使用，具有排他性、竞争性和可分割性的产品为私人产品。凡是由不特定的多数人共同占有和使用，具有消费的非竞争性、收益的非排他性和效用的不可分割性的产品为公共产品，任何个人使用此产品都不会对他人构成妨碍。农业资源环境属于公共产品，具有以下特征：一是农业资源产权不明确。法律规定，农村土地、森林、草原属于农民集体所有，但“农民集体”既不是单个农民个体的简单叠加，也不是一个实体组织，农村土地产权主体实际已被虚化。必然导致农业生产者对农业资源环境的短期行为。如过量使用化肥、农药等忽视土地保护和可持续发展，对耕地重金属污染置之不理等。二是资源使用的非竞争性。所有个体都可以公平的无竞争的获取或使用某种自然资源，他们无须付出任何代价就可以任意使用这些公共资源。三是收益的非排他性。非排他性是指一个使用者对某物的利用并不排除他人对该物的利用（袁平，2008）。任何一个资源的利用者对农业资源环境的使用并不影响或妨碍其他人对该资源的使用，也不会影响他人使用这种公共资源的数量和质量。

农业资源环境属于公共产品，具有开放性，所有的资源产权人都可以无限制地使用。必然会引发每个人为追求自身利益最大化而快速消耗公共资源，导致公共资源的过度消耗，产生“公地悲剧”。公共产品损害是由于私人边际成本背离社会边际成本，私人边际收益背离社会边际收益，不完全竞争的市场机制不能有效引导追求自身利益最大化的农业生产者减少和治理农业面源污染，因此单纯依靠市场机制很难实现资源的有效配置，会引发市场失灵。政府作为公共利益的代表需要通过干预手段校正正负外部性，实现外部成本内部化（林建华，2006），增强农业生产者保护资源环境的责任，减少和控制农业面源污染。

（三）环境权理论

20世纪中后期环境问题的严重性与日俱增，国际上都着眼采用有效的方法以求生态系统平衡有序。1960年欧洲先行展开对环境权的热烈讨论，自此以后，世界各国对环境权提出不同的理论学说。之所以不能对环境权的定性给出统一的答案，原因在于环境权还处于孕育阶段，国外和国内对其法律性质和要素的研究正在摸索的过程中，具有不确定性。通过分析总结出当代有关环境权理论有几种通用学说。基本人权说：环境权是基本人权受到国际法的支撑，它与人权拥有一致的立足点。人格说：环境权被定为应属于有关人格方面的权利，因为涉及人体健康。此种学说存在没有认清环境污染具有特殊性的嫌疑。财产权说：环境污染会带来国家和人民经济的损失，可以视为财产受损。但是该学说没有解释清客观存在——自然环境能否被作为私人财产这一问题。人类权说：刚好与财产权存在某些相反之处，此学说认为自然环境是全体人类拥有的共同整体，人类应该共享权利。这一学说权利主体涉及广泛，在权利实现环节会遇到障碍。在法制国家中，现实存在的人理应成为法律人，是法律人一定具有法律权利。人类需要利用耕地保证自身的生存权，而耕地土壤环境的质量也要通过人类内在或者外在的规范得以保护。

（四）污染担负者理论

污染者负担理论最初定义为“谁使得环境有所负担或污染，谁就应支付所造就负担及污染之费用”“对他人物品造成损坏的应承担损坏赔偿的责任”。环境法学界的学者在国内通常将污染负担者理论称为“PPP（Polluter、Pays、Principle）”原则，该理论最初为污染者付费的含义，随着环境法内容的进一步丰富和发展，后来的“PPP”原则的内涵得以发展，不仅包含损害赔偿责任，演变为一种综合责任，对环境污染应进行预防和控制，包括尽量减少污染的责任。新的“PPP”原则认为现存的环境损害状态或目前已经造成的环境损害，污染者负绝对责任，要求其恢复原状或赔偿经济损失，有时候还会要求污染者承担行政或者刑事责任。

土壤污染的产生是多种原因相互作用的结果，所具有的特征往往体现在复杂性和多样性等方面，更会引起区域连锁污染、水体共同污染等现象。因此，污染者负担原则在土壤污染实施中具有一定难度。污染者负担原则是以“义务本位观”为基础的，履行环境责任的基础是“行为主体不拥有正当的争议性，他们的行为是可以否定的”。人们在土壤资源使用中总会对区域甚至整个地球的生态环境造成污染和破坏。因此，土壤资源使用行为的初始就意味着土壤污染治理的责任和义务。

（五）公共治理理论

公共治理理论是20世纪90年代人们在寻求政府对公共事务的管理模式时提出的，它否定了传统公共行政的强制性和垄断性，强调政府、社会组织及其个人的共同作用，积极探索政府以外的其他管理方式的潜力，关注信息社会各个组织之间的平等协商和联合合作机制。公共治理理论是信息化和全球化冲击下公共管理实践的产物。

“治理”本意是指控制或操纵的意思，也可以指不同利益主体在共同领域取得认可或达成一致，共同实施某项活动。全球治理委员会认为治理是指公共机构或个人管理公共事务的多种方式的总和，是不同利益主体进行利益协调和采取联合行动的过程。公共治理是指政府、社会组织、个人以及国际组织，通过谈判、协商等民主方式共同治理公共事务的方式。不同于以政府为主导的传统的公共行政，强调治理主体的多元化，治理方式民主化以及治理协作化的民主互动的新型公共事务治理模式（胡正昌，2008）。

公共治理具有以下特征：①治理主体的多元化。在公共治理中政府不再是公共事务治理的唯一主体。任何社会组织、公民团体、国际组织甚至公民个人都可以成为治理公共事务的主体。不同的治理主体在公共事务治理中发挥的作用不同，从而实现治理方式的最优化和治理效率的最大化，各个治理主体是平等合作的关系。②治理权力的多中心化。治理权力不再集中在政府手中，而是分散在企业、事业单位、社会团体以及个人手中，形成多个权力中心，各个权力主体之间相互监督和制衡，对公共事务进行共同治理。③政府权力的有限化。政府不再是唯一管理所有公共事务的组织，公众能够自我管理的问题，政府就不主动参与，由全能政府转变为有限政府。这样不仅能够保障其他权力主体对公共事务的管理权还可以防止政府滥用职权，同时降低政府的管理成本，提高管理效率。在公共治理失调时，政府应当担当起协调职责。④相互合作是公共治理的精髓。以主体多元化和权力多中心化为特征的公共治理理论，在治理过程中必须有效协调政府、社会组织以及公民个人等各个治理主体之间的关系，促进各个治理主体的相互合作，否则，必然会出现治理失灵。

在耕地重金属污染治理中引入公共治理理论，积极鼓励政府、社会组织、农民和社会公众共同参与到耕地重金属污染的治理中。这样既能提高治理效果又能克服政府单方治理的弊端。一方面，耕地重金属污染会严重危害农产品质量安全，进而危害公众健康，但我国耕地所有权归属集体或国家，农户作为其承包经营者，既不懂耕地重金属污染治理的技术，同时又受资金约束而无能力开展治理；另一方面，由于政府无法有效获取耕地重金属污染的各种信息，在污染治理中往往出现政府失灵，多中心中立可以有效弥补政府失灵的缺陷。

（六）委托代理理论

委托代理理论是制度经济学契约理论中的核心内容，20世纪30年代，美国经济学家米恩斯与伯利在非对称信息的博弈论等相关基础上提出了该理论。该理论以委托代理行为为研究对象，即某一行为主体（或多个行为主体）通过默认、授意、明文等方式，给予其他行为主体以一定的权利，要求其他行为主体向其提供一定服务，并依据约定及服务支付相关酬劳。其中授权者即为委托人，被授权者即为代理人。由于委托—代理行为存在信息不对称、产权转让、剩余索取收益等干扰因素，因此，容易引发委托代理问题。逆向选择及道德问题是两种主要的委托代理问题。逆向选择发生在契约关系确定前，由于委托人不具有信息优势且代理人故意隐藏进而导致委托人无法找到最适合代理人选。道德问题发生在契约关系发生之后，代理人凭借双方的信息差异采取不道德行为以致委托方利益受损。

委托代理行为在经济社会各个领域内广泛存在，环境污染治理领域也不例外。耕地重金属污染第三方治理就是在委托代理基础上建立起来的由多重委托—代理构成的治理机制。其一，公众作为初始委托人，政府作为代理人，公众将权力交给政府，政府代表公众集中行使职权，履行生态环境保护的职责，提供耕地重金属污染治理与管理服务，两者构成行政委托。其二，政府作为中间委托人，第三方治理企业作为最终代理人，政府集中购买耕地重金属污染治理服务，第三方治理企业生产并提供污染治理和管理服务，二者间的关系属于经济委托，其中第三方治理企业作为代理人。此外，委托代理问题的普遍性也要求耕地重金属污染第三方治理必须建立风险防范机制。

第三章　我国耕地重金属污染治理总体情况、面临问题和治理进展

一、总体情况

（一）重金属污染区域分布

镉污染分布主要集中在长江以南，以贵州、湖南（岳阳、益阳、长沙、湘潭及株洲）、广西壮族自治区（河池、柳州）、广东、福建（三明）最为严重，其中贵州、湖南为新闻报道重灾区。辽东半岛、山东、天津等地亦较为严重。

铅污染于大城市中上海和广州极为严重，贵州（赫章）和福建（三明）因采矿的原因亦较为严重。

锌、砷、铜、铬污染没有镉、铅污染分布得那么广泛。锌污染较严重的是贵州、湖南（吉首）、福建（三明、南平）以及河南（新乡）。土壤中砷污染主要来源于地下水污染，较严重地区是天津、山东（济南）和安徽（铜陵）。铜污染主要分布在东南沿海地区，尤以广州最为集中，另河北保定出现铜污染最高值。铬污染程度较低，最高值出现在福建福州。

总的来说，重金属污染主要集中分布在矿业区（包括采矿和矿加工）和人口稠密的地区，广东、江苏、山东、浙江及河南的点位超标率最高，贵州、湖南、广东、福建、云南等地的污染程度较重，部分地区同时存在多种重金属污染。具体如表3-1所示。

表 3-1　重金属污染物分布区域

等级	重金属污染物	区域
超标	镉	贵州、湖南（岳阳、益阳、长沙、湘潭及株洲）、广西（河池、柳州）、广东、福建（三明）等区县的污水灌溉区，甘肃白银、辽东半岛、鲁、贵、湘等省市的工矿企业区

（续表）

等级	重金属污染物	区域
超标	铅	上海、广州、内蒙古、冀、赣等地区及贵州、福建采矿区、湖北大致矿区、重庆郊区、四川部分工矿企业区和广西的刁江区域
	锌	贵州部分矿区、湖南（吉首）、福建（三明、南平）以及河南（新乡）等污水灌溉区
	铜	东南沿海地区，尤以广州最为集中，另河北保定出现铜污染最高值（超标165倍）
	砷	内蒙古、冀、甘、赣、浙、桂等省部分城市的郊区以及辽宁抚顺灌溉区、湖南长株潭工业区、四川成都和广元等工矿区
警戒	镉	国内部分大城市的郊区，鄂、湘、川、贵等省的工矿企业区，以及东北和华北的部分污水灌溉区
	铅	黑龙江佳木斯、鸡西等郊区，京、鲁、浙、粤等部分城市的郊区，湖南长株潭工业区、西北部分省、川渝、广西、湖北大冶矿区的耕地
	砷	山西煤矿产区、宁夏银川郊区、四川成都和广元的工矿区、湖南长株潭工业区，华北污水灌溉区、东北工矿企业区、污水灌溉区和浙江、广东的部分城市郊区

（二）耕地重金属污染治理技术措施

目前，土壤重金属污染治理和修复主要从两方面着手：①活化作用增加重金属的溶解性和迁移性，去除重金属；②钝化作用改变重金属在土壤中的存在形态，降低重金属的迁移性和生物有效性。

1. 工程措施

主要包括客土、换土和深耕翻土等措施。通过客土、换土和深耕翻土与污土混合，可以降低土壤中重金属的含量，减少重金属对土壤—植物系统产生的毒害，从而使农产品达到食品卫生标准。深耕翻土用于轻度污染的土壤，而客土和换土则是用于重污染区的常见方法，在这方面日本取得了成功的经验。

工程措施是比较经典的土壤重金属污染治理措施，它具有彻底、稳定的优点，但实施工程量大、投资费用高，破坏土体结构，引起土壤肥力下降，并且还要对换出的污土进行堆放或处理。

2. 物理化学修复

电动修复　是通过电流的作用，在电场的作用下，土壤中的重金属离子（如 Pb、Cd、Cr、Zn 等）和无机离子以电渗透和电迁移的方式向电极运输，然后进行集中收集处理。研究发现，土壤 pH 值、缓冲性能、土壤组分及污染金属种类会影响修复的效果。该方法特别适合于低渗透的黏土和淤泥土，可以控制污染物的流动方向。在沙土上的实验结果表明，土壤中 Pb^{2+}、Cr^{3+}等重金属离子的除去率也可达 90%以上。电动修复是一种原位修复技术，不搅动土层，并可以缩短修复时间，是一种经济可行的修复技术。

电热修复　是利用高频电压产生电磁波，产生热能，对土壤进行加热，使污染物从土壤颗粒内解吸出来，加快一些易挥发性重金属从土壤中分离，从而达到修复的目的。该技术可以修复被 Hg 和 Se 等污染的土壤。另外可以把重金属污染区土壤置于高温高压下，形成玻璃态物质，从而达到从根本上消除土壤重金属污染的目的。

土壤淋洗　土壤固持金属的机制可分为两大类：一是以离子态吸附在土壤组分的表面；二是形成金属化合物的沉淀。土壤淋洗是利用淋洗液把土壤固相中的重金属转移到土壤液相中去，再把富含重金属的废水进一步回收处理的土壤修复方法。该方法的技术关键是寻找一种既能提取各种形态的重金属，又不破坏土壤结构的淋洗液。土壤淋洗以柱淋洗或堆积淋洗更为实际和经济，这对该修复技术的商业化具有一定的促进作用。

化学修复 化学修复就是向土壤投入改良剂，通过对重金属的吸附、氧化还原、拮抗或沉淀作用，以降低重金属的生物有效性。该技术关键在于选择经济有效的改良剂，常用的改良剂有石灰、沸石、碳酸钙、磷酸盐、硅酸盐和促进还原 作用的有机物质，不同改良剂对重金属的作用机制不同。施用石灰或碳酸钙主要是提高土壤 pH 值，促使土壤中 Cd、Cu、Hg、Zn 等元素形成氢氧化物或碳酸盐结合态盐类沉淀。有研究指出，利用一些对人体无害或有益的金属元素的拮抗作用，可以减少土壤中重金属元素的有效性。化学修复是在土壤原位上进行的，简单易行，但并不是一种永久的修复措施，因为它只改变了重金属在土壤中存在的形态，金属元素仍保留在土壤中，容易再度活化危害植物。

3. 生物修复

生物修复是利用生物技术治理污染土壤的一种新方法。利用生物削减、净化土壤中的重金属或降低重金属毒性。由于该方法效果好，易于操作，日益受到人们的重视，成为污染土壤修复研究的热点。

植物修复技术 植物修复技术是一种利用自然生长或遗传培育植物修复重金属污染土壤的技术。根据其作用过程和机理，重金属污染土壤的植物修复技术可分为植物提取、植物挥发和植物稳定三种类型。

植物提取 即利用重金属超积累植物从土壤中吸取金属污染物，随后收割地上部并进行集中处理，连续种植该植物，达到降低或去除土壤重金属污染的目的。这些植物有两类，超量积累植物和诱导的超量积累植物。前者是指一些具有很强的吸收重金属并运输到地上部积累能力的植物，后者则指一些本不具有超量积累特性但通过一些过程可诱导出超量积累能力的植物。目前已发现有700多种超积累重金属植物，积累Cr、Co、Ni、Cu、Pb的量一般在0.1%以上，Mn、Zn可达到1%以上。

植物挥发　植物挥发是利用植物的吸收、积累和挥发而减少土壤中一些挥发性污染物，即植物将污染物吸收到体内后将其转化为气态物质，释放到空气中。主要针对类金属元素汞和非金属元素硒。该方法利用植物及其根际微生物的作用，将土壤环境中的挥发性污染物挥发到空气中去，可谓一种有潜力的植物修复技术，但对人类和环境生态具有一定的风险。

植物稳定　植物稳定或植物固化是利用特定植物的根或植物的分泌物固定重金属，降低土壤中有毒金属的移动性，从而减少重金属被淋滤到地下水或通过空气扩散进一步污染环境的可能性。其机理主要是通过金属在根部的积累、沉淀或根表吸附来加强土壤中重金属的固化。如植物根系分泌物能改变土壤根际环境，可使多价态的Cr、Hg、As的价态和形态发生改变，影响其毒性效应。植物的根毛可直接从土壤交换吸附重金属增加根表固定。

生物修复技术　土壤重金属微生物修复的机理包括细胞代谢、表面生物大分子吸收转运、生物吸附、沉淀和氧化还原反应等。微生物可对重金属离子进行生物吸附和富集。微生物可通过带电荷的细胞表面吸附重金属离子或通过摄取必要的营养元素主动吸收重金属离子，将重金属离子富集在细胞表面或内部。菌丝体对重金属的吸附能力跟菌丝体和重金属离子的种类有关。不同类型的真菌，对重金属的吸附表现出一定的差异。pH值也影响真菌菌丝体对重金属的吸附，但不同的菌丝体，其对重金属的吸附受pH值的影响不同。一般来说，微生物细胞及其组分对重金属离子的吸附能力较无机组分的强。

微生物对重金属的溶解 微生物对重金属的溶解主要是通过各种代谢活动直接或间接地进行的。土壤微生物的代谢作用能产生多种低分子量的有机酸，如甲酸、乙酸和丁酸等。真菌可以通过有机酸以及其他代谢产物溶解重金属及含重金属的矿物。土壤微生物能够利用有效的营养和能源，在土壤滤沥过程中通过分泌有机酸络合并溶解土壤中的重金属。

微生物对重金属的氧化还原 微生物对重金属离子的氧化还原作用能降低重金属的毒性，一些微生物在厌气的条件下以 As^{5+} 为电子受体，可把其还原为 As^{3+}，从而促进砷的淋溶。在好气或厌气的条件下异养微生物可催化 Cr^{6+} 还原为 Cr^{3+}，其毒性约能降低500倍。

4. 农业生态修复

农业生态修复主要包括两个方面：一是农艺修复措施，包括改变耕作制度，调整作物品种，种植不进入食物链的植物，选择能降低土壤重金属污染的化肥，或增施能够固定重金属的有机肥等措施，来降低土壤重金属污染。二是生态修复。通过调节诸如土壤水分、土壤养分、土壤 pH 值和土壤氧化还原状况及气温、湿度等生态因子，实现对污染物所处环境介质的调控。我国在这一方面研究较多，并取得了一定的成效。但利用该技术修复污染土壤周期长，效果不显著。

（三）耕地重金属污染总体情况

农业部自 2002 年以来，先后开展了 4 次区域性耕地重金属污染调查，总调查面积 4 382.44万亩，超标面积 446.79 万亩，总超标率为 10.2%。2011 年，农业部对湖南、湖北、江西、四川四省 88 个区县的水稻产地重点污染区进行了专题调查，调查面积约为 237 万亩，结果显示超标面积约 161 万亩，重点污染区超标率高达 68%。

2014 年，环境保护部和国土资源部联合发布的全国首次土壤污染状况调查公报显示，全国土壤重金属污染总的超标率为 16.1%，耕地土壤污染点位超标率高达 19.4%，其中，轻微污染 13.7%、轻度污染 2.8%、中度污染 1.8%、重度污染 1.1%。

目前我国耕地重金属污染比例为 10%~15%，以镉污染最为普遍，其次是砷、汞、铅、铬，主要分布在我国南方湘、赣、鄂、川、桂、粤等省区，污染区域主要为工矿企业周边农区、污水灌区、大中城市郊区和南方酸性水稻土区等。据国家环境保护部统计，我国受重金属污染农业耕地超过 2 000万公顷，每年被重金属污染的粮食达 1 200余万吨，造成的直接经济损失超过 200 亿元，而且被污染的农作物通过农产品进入人体引发了多种疾病。中国工程院罗锡文院士曾公开指出，有调查显示我国受重金属污染的耕地面积已达 2 000万公顷（约为 3 亿亩），占全国总耕地面积的 1/6。

（四）耕地重金属污染治理情况

2013 年，湖南“镉大米”事件引起中央、国务院和全社会高度关注，耕地重金属污染问题随之被推到了风口。2014 年起，农业部会同财政部率先在湖南省长株潭地区启动重金属污染耕地治理试点工作，共分为两个阶段。

1. 第一阶段

2014 年安排 11.56 亿元专项资金，试点范围包括长株潭 19 个县市区 170 万亩重金属污染耕地。这是中央财政首次以空前力度支持耕地重金属污染治理修复试点，旨在探索出一条在全国可借鉴、可复制、可推广的重金属污染耕地治理道路。试点工作取得初步成效，主要表现在：

一是修复治理技术措施有效果。达标生产区、管控专产区早稻达标（米镉≤0.2mg/kg）的比例分别提高了53.1%、44.8%。通过采取VIP（V：镉低积累品种，I：淹水灌溉，P：调节土壤酸碱度）、VIP+n（n：喷施叶面肥、生物菌肥、钝化剂等）等技术措施进行修复治理后，早稻米镉含量平均降低30%左右。无论是轻度污染还是中、重度污染稻田，施用石灰和淹水灌溉对水稻都有明显的降镉效果，在水稻生长期绝大部分酸性土壤pH值都有明显升高。

二是低镉农作物品种筛选有进展。2014年集中示范推广的应急性镉低积累早稻、晚稻品种在绝大多数基点平均亩产400kg左右，在重度污染耕地种植镉低积累品种降镉效果明显。围绕镉低积累水稻品种、旱粮油作物、食用经济作物品种的筛选取得了一批阶段性成果或结论，新选育的镉低积累水稻品系正在分析检查监制，筛选的8~10个镉低积累水稻品种正在复检确认。西瓜、葡萄等镉低积累食用经济作物推广前景较好。

三是农作物种植结构调整有突破。2014年共实现种植结构调整面积7.3万亩，有效降低了试点区农产品质量安全风险。通过在替代区稳步推进非食用、非口粮作物替代种植，如蚕桑、饲料桑、酒用高粱、玉米等作物，引进和培育了新型生产经营组织，推动适度规模化经营，创建20个500亩以上的经济作物种植结构调整示范片，并配套建设产后环节，打造产业新链条。同时，通过落实各项政策补贴，确保了农民收益不减，取得了较好的经济效益和社会效益。

2. 第二阶段

2015—2016年，中央财政再次投入30亿元，加大试点工作支持力度，巩固治理成果，总结推广治理经验。2015 年，将 170 万亩附近插花地块 43.15 万亩和湘江流域其他 7 个县市区 60.86 万亩耕地纳入试点范围，列为扩面区，共计 274.01 万亩。2016 年试点范围基本维持不变，试点面积 272.32 万亩（替代种植区按程序核减 1.69 万亩）。

总体治理模式是根据土壤与稻米污染情况，将受污染耕地划分为可达标生产区（米镉 0.2～0.4mg/kg）、管控专产区（米镉>0.4mg/kg、土壤镉≤1mg/kg）和作物替代种植区（米镉>0.4mg/kg、土壤镉>1mg/kg），实行分区治理。经过 3 年试点，大面积稻米镉含量达标率趋于稳定，农产品降镉效果明显。强酸性土壤比例显著降低，土壤有效态镉总体呈降低趋势，土壤性状改善明显。随着稻谷品质的提升，粮价也跟着提升；政府免费发放种子、施用石灰、种植绿肥、施用有机肥等技术措施，试点区域生产成本大幅降低；仍未达标的稻谷，由粮食主管部门负责专企收购、专仓储存，保障农民收益不受损，农民收益保持稳定。耕地重金属治理修复工作取得了显著成效。

针对耕地重金属污染治理投入不足、治理效率不高、投融资机制不健全、社会参与程度低等问题，2016 年，湖南省开始探索创新第三方治理机制模式，在长沙市望城区、浏阳市，株洲市株洲县、醴陵市、攸县，湘潭市湘乡市等县市区试点第三方治理，特别是长沙市望城区农业局、林业局与永清环保股份有限公司正式签订了重金属污染耕地修复试点整区承包项目服务合同，“打响了耕地重金属污染第三方治理的第一枪”。在总结望城区等县（区）推进第三方治理的经验基础上，2017 年湖南省在长株潭试点区全面推行第三方治理，并建立了省政府统一领导、市政府统筹协调，县（市、区）政府具体负责的工作机制。明确了总体目标、第三方治理模式、各方责任、相关操作程序、经费拨付使用规定、考核验收办法等。当年完成耕地污染第三方治理招投标工作，遴选确定60多家公司参与耕地重金属污染第三方治理。

二、面临问题

当前，我国土壤污染以无机污染为主，有机污染次之，耕地污染尤以重金属污染最为突出，具有污染范围广、面积大，形态多变、污染来源复杂、复合污染突出、污染隐蔽性和长期性强、治理难度大等特点。总体上看，我国耕地重金属污染面临以下几方面问题。

一是耕地重金属污染总体不容乐观，局部形势严峻。综合多部门调查结果判断，目前我国耕地重金属污染比例约为10%~15%，且从东到西、从南到北，都有耕地重金属污染区域，分布范围广，涉及面积大。环境保护部和国土资源部联合发布的全国首次《土壤污染状况调查公报》，也作出“全国土壤环境状况总体不容乐观，部分地区土壤污染较重”的总体判断。2011年，农业部对湖南、湖北、江西、四川四省的水稻产地重点污染区进行了调查，超标率高达68%。据广东2013年公布的土壤污染数据显示，珠三角地区三级和劣三级土壤占到面积的22.8%，28%的土壤重金属超标。由此可见，部分地区耕地重金属污染形势已异常严峻。2014年4月发布的《全国土壤污染状况调查公报》显示，全国土壤污染超标率已经达到了16.1%，其中耕地土壤点位超标率近20%。

二是污染成因复杂，重金属污染具有明显差异性。造成耕地重金属污染的原因比较复杂，既有自然原因，也有人为因素，更多情况下，自然与人类因素相互重叠，导致我国耕地重金属污染呈现明显的差异性。从污染分布上看，我国耕地重金属污染重灾区主要分布在南方湘、赣、鄂、川、桂、粤等省区，重点污染区域为工矿企业周边农区、污水灌区、大中城市郊区和南方酸性水稻土区等。从污染物种类上看，综合多个部门的调查，我国耕地镉污染最为普遍，其次是砷、汞，再次是铜、铅，其余超标率较低。从对农作物影响来看，据研究，不同种类和品种的农作物对重金属表现出不同的吸收和阻抗能力。初步判断，由于生长环境、生产方式等差异，一般叶菜类作物受重金属污染影响较之稻谷更明显，而稻谷重金属污染比小麦严重，小麦重金属污染又比玉米严重。

三是稻米镉污染问题突出，与土壤污染呈现相关性。根据农业部连续 11 年对部分省份市场稻米重金属污染状况的监测结果，稻米镉污染超标率平均在 10%左右，主要集中在湖南、湖北、四川等南方水稻产区，尤其是早籼稻。其中，对湖南、湖北、广西、四川、广东和江西等 6 个重点省（区）10 个市超市销售大米开展的重金属残留监测表明，超标率为 22. 1%，最大值为 2. 2mg/kg（我国国家标准中镉限量值为 0. 2mg/kg），湖南稻谷镉超标最为严重，超标率达到 40. 2%。总体上讲，稻米检出污染与全国农产品产地土壤重金属污染在地域分布上有明显一致性，稻米中镉主要来自受污染的耕地土壤。

四是重度污染耕地比例较小，受污染耕地面积总体偏大。根据环境保护部和国土资源部调查结果，我国耕地总的点位超标率为 19. 4%，其中轻微污染 13. 7%、轻度污染 2. 8%、中度污染 1. 8%，重度污染仅为 1. 1%。《中国耕地地球化学调查报告》显示，我国耕地重金属轻微、轻度污染或超标的点位比例占 5. 7%，覆盖面积 7 899万亩，中重度污染或超标的点位比例仅占 2. 5%，覆盖面积 3 488万亩。农业部多年的调查监测也是显示出大致相同的情况。我国耕地重金属污染主要为轻度污染，且各地探索的一些以农艺措施为主的重金属污染治理措施，对轻度污染区较为有效。例如，湖南省通过“VIP”综合技术（V：品种替代；I：灌溉水清洁化；P：土壤 pH 值调整），在治理产地土壤镉含量 0.5mg/kg 的条件下，可以生产出超过 80%的合格大米。但对于重金属重度污染区，以农艺措施为主的土壤修复治理措施已无法满足安全生产的需要，必须因地制宜进行种植结构调整，实施禁产区划分，限制性生产食用农产品。但由于重度污染区所占比例不大，需要结构调整的比例有限，涉及面积较小。

五是缺乏适合大面推广的技术模式和修复措施。近年来，农业部、科技部、环保部等对土壤重金属污染防治工作给予大力支持，摸索建立了一些科学、可行的技术模式和修复措施，在局部开展了零星的试点示范，也取得了一些成效。但由于耕地区域性差异较大、影响因子较多等因素，仍难以达到大面积推广应用的要求，仍然缺乏一些效果明确、经济可行的治理修复技术和模式。

比如采取种植结构调查措施，由于耕地重金属污染不仅与耕地土壤、水和大气污染状况直接相关，而且受到农作物种类、品种和农艺措施等的影响。种植结构调整势必会对当地农民传统农业生产习惯、生产活动乃至日常生活产生巨大的冲击，而我国耕地资源又十分有限，在确保粮食安全和农产品质量安全的前提下，开展重金属污染耕地种植结构调整工作面临着诸多制约。

六是耕地重金属污染防治长效机制仍未建立。由于目前我国耕地重金属污染防治主体责任机制不明确，也没有对耕地污染赔偿的问责机制，耕地重金属污染普查和治理修复等均是以项目带工作，资金均由政府负担，投入有限，且部分项目资金还难以落实到位，加之治理修复支撑政策不够，耕地重金属污染修复的市场化机制尚未形成。改变农艺措施、调整种植结构、划定农产品禁止生产区等均存在增加农民生产成本或者降低收益的可能性，如何在保障农民利益的前提下确保农产品质量，还缺乏相关的农业生态补偿机制，我国耕地重金属污染防治的长效机制仍未建立。

三、进展与成效

（一）土地污染防治法律法规与政策体系初步建立

纵观土地污染防治法律法规与政策的发展历程，共经历了三个阶段。

1. 第一阶段（2002 年至 2007 年）

2004 年环保部发布了《关于切实做好企业搬迁过程中环境污染防治工作的通知》，修订了《中华人民共和国土地管理法》等，初步开始涉及土地污染的防治工作。

2. 第二阶段（2008 年至 2012 年）

环保部、国土部等相继发布了《关于加强土壤污染防治工作的意见》《重金属污染综合防治“十二五”规划》《土地复垦条例》等政策法规，此阶段对土地污染问题逐步重视。农业部配合有关部门做好《中华人民共和国农业法》和《中华人民共和国农产品质量安全法》制修订工作，设立农产品产地环境保护的专章，配套出台了《农产品产地安全管理办法》，进一步明确农产品产地污染防治和环境保护要求。同时，制定了《农用污泥中污染物控制标准》《蔬菜产地环境条件》等国家和行业标准、规范 122 项，全面加强与规范农产品产地环境安全管理。

3. 第三阶段（2013年以来）

党的十八大从新的历史起点出发，做出“大力推进生态文明建设”的战略决策，从10个方面绘出生态文明建设的宏伟蓝图。我国对资源环境生态保护高度重视，土地污染防治进入了新的阶段。2013年环保部发布了《中国土壤环境保护政策》，2014年环保部、国土资源部发布了《全国土壤污染状况调查公报》，这是我国首次对土壤污染情况进行公布。

2016年5月28日国务院印发的《土壤污染防治行动计划》（俗称“土十条”），要求全面落实严格管控，继续在湖南长株潭地区开展重金属污染耕地修复及农作物种植结构调整试点。实行耕地轮作休耕制度试点。到2020年，重度污染耕地种植结构调整或退耕还林还草面积力争达到2 000万亩。提出了“探索建立跨行政区域土壤污染防治联动协作机制”，实行政府统筹、省负总责、县市落实的管理体制，但在此之前，我国对土壤污染的重视程度远远低于大气、水和固体废物的污染，起步阶段的管理部门，缺乏法律法规的保驾护航，在执法力度上几乎没有影响力，受困于当地经济发展的需要，还常常被迫向排污企业低头。

2017年3月，农业部在《关于贯彻落实〈土壤污染防治行动计划〉的实施意见》中指出一要推进农用地土壤污染防治法制建设，增加农产品产地土壤污染防治有关内容，以耕地重金属污染防治为切入点，在重点区域探索建立耕地重金属污染治理修复生态补偿制度，对开展种植结构调整、禁止生产区划分或自主采取土壤污染防治措施的农民进行补偿，确保农民收入不减少、农产品有毒有害重金属含量不超标、土壤质量不恶化、农产品产量基本稳定。

2018 年 8 月，我国出台《中华人民共和国土壤污染防治法》，这是我国首次制定专门的法律来规范防治土壤污染。被很多业内人士认为是“最强”污染防治法。该法明确了土壤污染责任主体、土壤污染风险管理制度、土壤污染防治基金、相关主体法律责任，为土壤污染防治提供坚强有力的法律保障。

从地方层面来看，全国已有 24 个省份出台《农业生态环境保护条例》，14 个省份和 4 个省会城市出台《农产品质量安全管理条例（或办法）》，明确了农业部门耕地污染防治的法律职责和要求。

除上述法律法规与政策外，其他涉及土壤保护的法律还有《环境保护法》《刑法》《土地管理法》《水土保持法》《基本农田保护条例》《土地管理法实施条例》《土地复垦条例》等。

（二）耕地重金属污染防治工作取得积极进展

随着国家对土壤污染防治工作的日益重视，特别是高度重视与农产品质量安全密切相关的耕地污染防治工作，我国耕地重金属污染防治工作取得了积极进展。

一是建立健全农业环境保护队伍体系。目前，已建立了由农业部农业生态与资源保护总站和农业部环境监测总站 2 个国家级机构、33 个省级站、326 个市级站、1 794个县级站组成的农业资源环境监测与保护体系，管理人员和专业技术人员达 1.2 万余人，为耕地重金属污染监测与防治打下了坚实的基础。同时，建立了一支 200 余人组成的，来自全国农业环保相关科研院校的专家队伍，涉及产地安全检测、污染修复、禁产区划分等多个领域，并先后启动了“大宗农作物产地重金属污染阻控技术研究与示范”“农产品产地土壤重金属污染阈值研究与防控技术集成示范”及“农产品产地重金属污染安全评估技术及设备开发”等公益性行业科研项目，积极开发符合农业生产实际的耕地重金属污染防治技术。

二是组织开展区域性产地环境调查工作。从20世纪70年代开始，先后在1976年开展了第一次污灌调查，1980年实施了13省市和9个农业经济自然区主要农业土壤及粮食作物背景值调查，1992年开展了主要农畜产品中有害物质残留调查，1996年开展了第二次污灌调查，2000年在长江三峡库区开展了生态环境状况调查，2001年实施了“四市百县”无公害农产品生产基地调查（北京、天津、上海和桂林四市与全国首批100个无公害农产品生产基地示范县），2008年在全国28个省开展了农产品产地安全质量调查，2010—2016年开展多次全国农产品产地安全状况普查和监测预警等，通过不定期开展农产品产地环境普查与预警机制，基本掌握了耕地重金属污染状况，有力支撑了耕地污染防治工作。

三是开展农产品产地土壤重金属污染普查。为贯彻落实国家《重金属污染综合防治“十二五”规划》，2012年农业部和财政部共同实施了农产品产地土壤重金属污染防治普查工作，在全国16.23亿亩耕地上布设130.31万个土壤采样点位和15.2万个国控监测点，开展农产品产地土壤重金属污染普查和动态监测，建立农产品产地安全预警机制，做到农产品产地重金属污染早发现、早处置，从源头保障农产品质量安全。在此基础上，进行产地安全等级划分和分级管理，对未污染产地，加大保护力度，严格控制外源污染；对轻、中度污染产地，采取农艺、生物、化学、物理等措施，实施治理治理；对严重污染的产地，调整种植结构，划定农产品禁止生产区，实施限制性生产。2012—2017年，针对我国农产品产地土壤重金属污染状况不清的问题，在全国范围内开展了全国农产品产地土壤重金属污染普查工作，针对一般农田、污灌区、大中型城郊区和工矿企业污染区的农产品产地进行了全覆盖调查，首次在全国范围内布设大规模的130多万个采样点，初步摸清了农产品产地土壤重金属污染现状，为全国土壤污染状况详查、农产品产地土壤环境监测和“土十条”任务的完成奠定了坚实的工作基础。目前，农产品产地重金属污染普查的取样测试工作已经全部完成，正在加快推进监测数据的统计分析工作，工作完成后将首次绘出我国比较客观、权威的耕地重金属污染图谱。

四是实施农产品产地土壤重金属污染治理示范和农产品产地禁产区划分试点工作。在全国建立9个重金属污染修复示范点，针对各个治理示范区的污染特点，积极探索以农艺措施为主体的治理技术的示范和推广，确保示范成效。在湖南、湖北、辽宁和天津4个省份重污染区域，实施农产品产地禁产区划分试点工作，开展禁止生产区划分和种植结构调整示范，探索禁产区划分管理、技术方法，种植结构调整方案等，确保示范区农产品质量安全。

目前，各个重金属污染治理示范区均取得了积极成效。河北保定市示范区，采用原位钝化-深耕稀释联合治理技术，使玉米、小麦籽粒中镉含量最大分别降低达31%~38%，籽粒铅含量最大降低达41%。辽宁沈阳市示范区，采用原位钝化-深耕联合治理技术，将耕层重金属通过施用药剂和翻耕措施进行钝化，该项复合治理技术有效降低了土壤有效态镉含量和玉米植株各部位镉含量。天津东丽污灌区示范区，利用生物炭、电气石等单项治理技术以及多种复合技术进行治理，在评估叶菜类蔬菜时发现，对不同土壤和不同植物而言，复合技术较单一技术效果更好。广东佛冈县示范区，通过杨桃、蜈蚣草、东南景天等与低积累作物间套种植、化学钝化-植物治理、低积累水稻品种-土壤根际固定和田间水分管理联合治理技术，有效降低了稻米中重金属含量，达到了国家粮食质量标准。广西刁江示范区，采用低镉水稻品种、低镉玉米品种、叶面喷施硅肥、重金属钝化剂等4种技术联合治理表明，喷施纳米硅不仅能显著抑制水稻对镉的吸收还能提高水稻产量。湖南桂阳县示范区，采用钝化治理、植物阻隔技术、农艺措施等多种技术的复合模式，可使土壤中镉的有效态显著降低，作物可食部位重金属含量满足现行国家食品卫生标准。湖南郴州市示范区，采用了VIP+n治理技术（V：品种替代；I：灌溉水清洁化；P：土壤pH值调整；n：单独喷施，或复合喷施硅、硒、锌，或施用生物菌剂），土壤有效态镉含量下降了12.4%，农产品镉含量最高降低了72.9%。湖北石首市示范区，以添加钝化剂方式进行治理，添加生物秸秆、生物黑炭、腐殖酸以及特殊矿物和丝状树脂等钝化剂可降低镉、砷等重金属的生物可利用性；云南个旧市示范区，通过采用原位钝化、植物阻隔治理等技术，可使水稻籽粒砷、铅、镉均有大幅度降低。

五是开展种植结构调整试点工作。重点针对“镉大米”问题，农业部先后印发了《稻田重金属镉污染防控技术指导意见》和《稻米镉污染超标产区种植结构调整指导意见》，指导稻米安全生产。2014年，在湖南省长株潭地区启动重金属污染耕地治理试点工作，试点工作主要思路是根据重金属污染程度的不同，实行分区治理，推行污染耕地修复、污染稻谷管控和农作物种植结构调整。即将稻米镉含量在0.2~0.4mg/kg的耕地面积76万亩，列为达标生产区，实行施用石灰、种植绿肥、增施有机肥、翻耕改土、优化稻田水分管理、施用叶面肥、微生物菌肥与金属钝化剂等治理技术措施，推广低镉水稻品种；稻米镉含量大于 0.4mg/kg、土壤镉含量小于或等于 1mg/kg 的耕地面积 80 万亩，列为管控专产区，在上述治理措施的基础上，对产出水稻进行临田检测，对未达标稻谷进行专仓贮存、专企收购，转为非食用用途，实行封闭运行，同时开展稻草离田移除，不断降低耕地镉含量；稻米镉含量大于 0.4mg/kg、土壤镉含量大于 1mg/kg 的耕地面积 14 万亩，列为替代种植区，实行农作物种植结构调整，原则上不再种植食用水稻，改种棉花、玉米、高粱、桑、麻类、花卉苗木及其他特色作物等。

六是建立耕地保护框架体系。我国已初步建立包括规划控制、用途管制、标准核定等管控性耕地保护框架体系，确保 18.65 亿亩耕地数量红线不被突破。建立了耕地质量等级国家标准，为耕地质量调查监测与评价提供科学的指标和方法；实施耕地质量提升行动，推广深耕深松、保护性耕作、秸秆还田、增施有机肥、种植绿肥等土壤改良方式，耕地质量比 2015 年提升 0.3 个等级；建立了耕地轮作休耕制度，2017 年全国耕地轮作休耕达到 1 200万亩；实施耕地质量保护与提升行动，旱涝保收、高产稳产高标准农田建设进一步加强，“十二五”期间建成高标准农田超过 4 亿亩。

第四章　我国环境污染第三方治理发展历程与存在问题

一、环境污染第三方治理模式

环境污染第三方治理涉及排污企业、治污企业、地方政府、金融企业、公众和环保监管部门等多个主体，排污企业承担污染治理的主体责任，第三方治理企业按照有关法律规章以及排污企业的具体委托要求承担约定的污染治理责任，金融企业为环境污染治理第三方提供融资支持，环保部门履行污染排放及污染治理的监管职能，公众享有环境知情权和监督权，地方政府为专业环保公司提供税收减免及环保专项基金支持等相关政策扶持。目前，我国环境污染第三方治理主要分为以下几种不同的模式，如表 4-1 所示。

表 4-1　环境污染第三方治理模式分类及比较

分类依据	外包主体		设施权属		空间分布	
	政府外包	企业外包	委托运营	建设运营	分布式治理	集中式治理
主要特征	政府将公共环境污染治理外包给第三方	由生产企业自行外包给第三方	第三方利用委托企业的治污设备进行运营管理	第三方融资建设治污设施并进行污染治理	在污染排放源所在地进行污染治理	将分散在多处的污染物集中在一起进行治理
适用范围	生态修复、环境监测、垃圾处理、重金属污染治理等	生产企业的各类污染物排放治理	已建项目	新建项目、扩建项目	点多、面广、量大的零散企业	工业园区和经济开发区等企业集聚地

从环境污染治理发包主体来看，可分为政府外包的环境污染第三方治理和企业外包的环境污染第三方治理。政府通常将公共环境治理，比如区域生态修复、环境监测、垃圾处理、重金属污染治理等，通过特许经营、政府采购、公开招标等方式外包给专业环保公司，政府向实际排污者征税或收费获得资金

或者运用政府专项环保基金，根据专业环保公司的环境治理效果向其支付服务费用。政府委托的环境污染第三方治理项目主要集中于城市污水、污泥和垃圾处理以及工业园区污染治理，其中，城市污水处理和垃圾焚烧发电等第三方治理已形成较为成熟的盈利模式，城市污水第三方治理费用可从水费征收中获得弥补，城市垃圾焚烧发电的第三方治理费用可通过发电并网收入及财政基金支持中获得弥补。受环保资金来源不足、盈利模式不明朗及政策支持不力等因素制约，城市污泥处理、矿渣处理、土壤修复和垃圾填埋处理以及农村环境污染连片整治等环境污染第三方治理发展缓慢。对于排放污染的生产企业，若由生产企业自己投入资金建设环保设施，配备专业技术人员，进行环境污染治理，受资金、技术和专业人员等条件限制，污染治理水平不够专业，一些排污企业甚至为了节约成本而人为停止治污设备运行，污染治理效果低下。因此，政府鼓励污染排放企业将污染治理外包给专业环保公司进行专业化处理，有利于节约生产企业的环保投入，提高环境污染治理水平和污染治理效率。

根据第三方是否投资建设治污设施并拥有设施所有权，环境污染第三方治理又分为建设运营模式和委托运营模式。在建设运营模式下，地方政府或排污企业授权第三方环保公司对治污设施进行融资建设、运营管理和维护改造；第三方专业环保公司享有治污设备所有权，此类模式适用于新建和扩建污染治理项目。在委托运营模式下，由委托方自行投资建设治污设施设备，第三方只负责环保设施的运行、维护和检修工作，多适用于已建污染治理项目。

二、我国环境污染第三方治理的发展历程

（一）探索试点阶段

我国环境污染第三方治理在一些特定行业和地区较早得到了尝试。2002 年，建设部出台《关于加快市政公用行业市场化进程的意见》，要求在城市环境污染治理中引入 BOT、BOO、TOT 等多种第三方治理模式。2007 年，国家发改委与国家环保总局联合发布《关于开展火电厂烟气脱硫特许经营试点工作的通知》和《火电厂烟气脱硫特许经营试点工作方案》，环境污染第三方治理在我国火电厂脱硫脱硝方面取得成效。2012 年 11 月 15 日，环保部批复新余市成为全国首家地级市环保服务试点单位。依据试点方案，湖南省永清环保股分有限公司将对新余市的生活垃圾回收及发电、流域水环境、环境空气质量在线监测、钢铁厂烟气脱硫、重金属污染等进行治理。在重金属污染治理方面，湖南省株洲市为了彻底治理清水塘老工业区的重金属污染、修复土地，成立了株洲循环经济投资发展集团有限公司，负责该工业区整体搬迁改造及新城开发，允许治污企业利用治理好的土地发展工业仓储、商业住宅用地。在政府不需要支付大笔资金的前提下，促进社会资本参与污染土壤治理，有效解决了环境污染治理的资金来源问题。

（二）政策机制完善阶段

环境污染第三方治理在试点探索过程中，尚未建立完善的体制机制，企业和公民的环保意识落后，相关立法滞后。为此，2013 年 11 月，中共十八届三中全会通过了《中共中央关于全面深化改革若干重大问题的决定》，首次从国家环境政策层面提出了“建立吸引社会资本投入生态环境保护的市场化机

制，推行环境污染第三方治理”，这是环境污染治理领域机制创新的里程碑，既是环境管理制度的重大创新，也是发展环保市场的重大举措，更是当前推进治污模式转变的重要切入点。2014 年国务院办公厅发布《关于创新重点领域投融资机制鼓励社会投资的指导意见》第二部分“创新生态环保投资运营机制”中要求：“……在电力、钢铁等重点行业以及开发区（工业园区）污染治理等领域，大力推行环境污染第三方治理。”2015 年 1 月，国务院办公厅发布《关于推行环境污染第三方治理的意见》，从总体要求、运营模式、市场培育、机制创新和政策支持等方面明确了环境污染第三方治理的基本框架。2016 年 5 月，国家发改委向社会公布《环境污染第三方治理合同（示范文本）》，旨在为越来越多的环境污染第三方治理项目提供规范的合同文本参考。近年来，北京、上海、河北、安徽、吉林、黑龙江等十余省份出台了环境污染第三方治理的规范性文件，并在实际探索中取得了初步成效。

（三）农业环境领域的第三方治理

农业环境领域第三方治理起步较晚，前期主要在农村生活污水方面开展了探索。随着农业环境领域污染问题日益突出，近年来国家高度重视农业环境领域第三方治理的探索。2016 年，国家发展改革委、农业部出台了《关于推进农业领域政府和社会资本合作的指导意见》（发改农经〔2016〕2574 号），指出要引导社会资本参与农业废弃物资源化利用、农业面源污染治理、规模化大型沼气、农业资源环境保护与可持续发展等项目。根据中央关于推进政府与社会资本合作的有关精神，扎实推进农业领域政府与社会资本合作，2017 年，国家发展改革委、农业部共同组织筛选了农业领域第一批 PPP 试点项目

20个，其中农业环境领域9个，分别为河北省定州市规模化生物天然气项目、山东省莱阳市病死畜禽无害化处理项目、湖北省武穴市畜禽粪污全域收集与生态处理及肥料化利用项目、湖北省农业废弃物资源化利用及病死畜禽无害化处理项目、湖南省攸县病死动物无害化处理中心项目、湖南省岳阳县病死畜禽无害化处理体系建设项目、四川省蒲江县30万亩健康土壤培育应用示范项目、四川省广安区农业废弃物资源化利用项目、陕西省山阳县漫川关镇生物天然气供气工程项目。同年，财政部、农业部制定出台《关于深入推进农业领域政府和社会资本合作的实施意见》（财金〔2017〕50号），重点引导和鼓励社会资本参与农业绿色发展，重点支持畜禽粪污资源化利用、农作物秸秆综合利用、废旧农膜回收、病死畜禽无害化处理，支持规模化大型沼气工程。由此，拉开了农业环境领域第三方治理的序幕。

（四）存在问题

环境污染第三方治理在实践中显示了其独特优势，但是环境污染治理是一项复杂的系统工程，由于环境污染治理体制变革缓慢，企业和公民的环保意识落后，环境立法存在内在缺陷，不同污染物治理有明显的差异性特征，环境污染第三方治理在实际运行中仍存在一些亟待克服的问题与障碍。

一是环境污染第三方治理的推广应用极不均衡。目前，环境污染第三方治理在工业生产领域推广多，在生活消费领域推广少；在大中城市推行多，在污染蔓延日益严重且亟须环境污染治理的广大农村地区没有得到有效推广。城市环境污染第三方治理也主要集中于来自地方政府外包的垃圾发电处理、城市污水处理、区域生态修复、环境监测以及工业园区污染治理项目。近年来，由于新修订的《中华人民共和国环境保护法》的推行实施，污染排放企业面临较大的治污压力，环境污染第三方治理得到越来越多的排污企业的认同。但是由企业自觉外包出去的环境污染第三方治理项目整体上依然数量偏少，且大多集中在火力发电、钢铁和水泥等特定行业企业，点多、面广、量大的普通中小企业推行环境污染第三方治理的动力仍显不足，因此，环境污染第三方治理在中国广大农村地区和中小企业尚有很大的发展空间。

二是环境污染第三方治理的责任界定及盈利模式不够清晰。排污企业原则上承担污染治理的主体责任，第三方治理企业承担约定的污染治理责任，但有关双方的责任边界及违约处罚缺乏具体而明确的法律规定，容易产生相互扯皮。有些领域的环境污染第三方治理还没有形成合理而稳定的盈利模式，目前，除了城市垃圾发电和城市污水处理第三方治理已有较为成熟的盈利模式外，其他领域环境污染第三方治理的价格形成机制及盈利模式尚在探索中。环境污染治理项目大多投资回报周期长，面临的不确定性因素多，投资风险较大，承担环境污染治理的专业环保公司若没有形成明确的盈利模式，不能得到合理的预期回报，必然降低社会资本进入环境污染治理领域的投资积极性，不利于环境污染第三方治理的市场推广和可持续发展。

三是环境污染治理的第三方进入及退出机制不健全。2014年7月环保部颁布实施《关于废止〈环境污染治理设施运营资质许可管理办法〉的决定》，取消了对环境污染治理服务企业的资质审批许可管理制度，实际上降低了专业环保企业的行业进入门槛，在一定程度上促进了环境污染第三方治理的发展。但是环境污染第三方治理对治污企业的专业水平和资金能力要求很高，市场上各类专业环保公司数量众多，业务水平参差不齐，这给排污企业或地方政府甄选治污合作伙伴带来了困难和风险。目前，针对第三方治污成本与治污效果的评价标准与评估机制尚不健全，由排污企业或治污企业来评价治污效果都有可能产生不利于对方的结果，需要由环保部门或行业协会等牵头建立行业污染治理评估标准与细则，建立严格的企业声誉机制、惩罚机制和退出机制，切实提高企业的环保主体意识和守约意识。

第五章　日本环境污染第三方治理经验及借鉴

一、背景

第二次世界大战后，日本经济持续快速增长，年均增长率接近10%，一跃成为仅次于美国的全球第二大经济体，创造了战后经济奇迹。但是，日本经济的高速增长伴随着资源能源的高投入、高消耗和污染物的高排放，以重工业为主的粗放型增长模式造成了严重的生态环境污染，特别是土壤重金属污染十分严重。世界八大环境公害事件中，一半在日本发生，使日本成为公认的环境公害大国。其中，日本痛痛病事件和水俣病事件分别由重金属镉和汞污染造成，直接威胁食品安全，损害公众健康，造成了巨额的经济损失和环境损害。资料显示，截至1997年，日本官方认定水俣病事件的受害者高达12 615人，死亡人数达1 246人，直接经济损失高达3 000多亿日元。

重金属污染导致的环境污染事件频繁发生，受到了日本社会的广泛关注，成为推动日本加强土壤污染防治的内因。欧美等发达国家对环境和农产品安全的严格要求，是刺激日本加强土壤污染防治的外因。20世纪90年代，日本泡沫经济崩溃之后，大量欧美国家公司进入日本的房地产市场，这些公司要求日本房地产企业提供土壤污染调查报告，将其作为交易的重要参考，加快了日本土壤污染防治的进程，带动了土壤污染调查市场的发展。

二、土壤污染防治体系

为了治理土壤重金属污染，20世纪70年代以来，日本采取了一系列措施，建立了完善的法律、法规和标准等土壤污染防治政策体系（表5-1），确定了监测对象和适用范围，指定并公布了超标地区，规定了土壤污染防治政策的制定、执行和监测措施，厘清了利益相关者的责任，有利于土壤重金属污染的治理和清除。

表 5-1 日本土壤污染防治政策体系

项目		颁布时间	法律法规
法律	专门法律	1970 年	《农业用地土壤污染防治法》（1971 年、1978 年、1993 年和 1999 年修订）
		2002 年	《土壤污染对策法》
	相关法律	1948 年	《农药取缔法》（2001 年修订）
		1950 年	《肥料取缔法》
		1967 年	《公害对策基本法》（1970 年修订，将土壤污染追加为典型公害，1993 年废止）
		1968 年	《大气污染防治法》（1996 年修订）
		1970 年	《水质污浊防治法》（1989 年、1996 年修订）
		1970 年	《日本废弃物处理法》
		1973 年	《化学物质审查规制法》（简称《化审法》，2003 年、2007 年修订）
		1993 年	《环境基本法》
		1997 年	《环境影响评价法》
		1999 年	《二噁英类物质对策特别措施法》
		2003 年	《食品安全基本法》（2006 年修订）
法规		1986 年	环境省制定《市街地土壤污染暂定对策方针》
		1994 年	环境省制定《与重金属有关的土壤污染调查・对策方针》、《与有机氯化合物有关的土壤・地下水对策暂定方针》
		1999 年	环境省制定《关于土壤・地下水污染调查・对策方针》
		2003 年	环境省制定《土壤污染对策法施行规则》
标准		1991 年	制定《土壤污染环境标准》（镉等 10 项监测指标）
		1994 年	修订《土壤污染环境标准》（新增三氯乙烯等 15 项监测指标）
		2001 年	修订《土壤污染环境标准》（新增氟和硼 2 项监测指标）

日本土壤防治法律由专门法律和相关法律两部分组成。土壤污染防治专门法律包括1970年颁布的《农业用地土壤污染防治法》和2002年颁布的《土壤污染对策法》，这些法律的内容仅限于对已经污染土壤的改良和恢复。土壤污染防治相关法律包括《农药取缔法》《肥料取缔法》《水质污浊防治法》《二噁英类物质特别对策法》《大气污染防治法》等，这些法律通过控制农药、化肥、大气、水污染等土壤污染源，起到预防和治理土壤污染的作用。这些法律为日本土壤污染防治政策的制定提供了法律依据。在这些法律指导下，日本还颁布了一系列土壤污染防治法规。

日本土壤污染防治便是从农业用地开始的。痛痛病事件促使日本于1970年颁布了《农业用地土壤污染防治法》，主要内容包括五个方面。

一是农业用地土壤污染对策地区指定和变更。都、道、府、县知事可以根据当地农业用地和农作物的实际，将生产危害人体健康的农畜产品或影响农作物生长，以及其他符合政令规定的农业用地，指定为农业用地土壤污染对策地区（简称对策地区）。当对策地区的要件发生变化时，都、道、府、县知事可以变更或解除其指定的对策地区。

二是农业用地土壤污染对策计划及变更。都、道、府、县知事在指定对策地区的同时，应当在考虑农业用地土壤的污染程度、污染防治所需费用、效果和紧要程度等的基础上，立即制定农业用地土壤污染对策计划，从而防治农业用地土壤污染并合理利用被污染的农业用地。对策计划应当包含四部分内容：农业用地利用分类及基本方针；灌溉排水设施、客土、谋求合理利用被污染农业用地的地目变换及其他事业；特定有害物质引起的污染状况调查测定；其他事项。

都、道、府、县知事可以根据实际情况变更计划。

三是特别地区的指定和变更。如果对策地区农业用地生产的农畜产品可能危害人体健康，都、道、府、县知事可以规定该农业用地不适合种植的农作物类型，并将该农业用地区域指定为特别地区。都、道、府、县知事可以劝告当地农户不要在农用地种植指定农作物，或者不要将该农用地生长的指定农作物作为家畜饲料。不适合种植的农作物类型及特别地区可以根据实际情况进行变更和解除。

四是对耕地土壤污染的调查测定。都、道、府、县知事应对本地农业用地土壤污染状况进行调查研究，主要监测项目为农田土壤中的镉、铜、砷，并公布结果。环境省长官、农林水产大臣或都、道、府、县知事可以在必要限度内，派职员进入农田，对土壤或农作物等实施现场调查测定，或无偿采集只限用于调查测定必要的、最少量的土壤或农作物等。

五是罚则。拒绝、妨碍或回避农业用地土壤污染调查、测定或采集样品者，处3万日元以下的罚金。法人的代表人、法人或自然人的代理人、使用人及其他从业人员，实施了有关违法行为时，除处罚行为人外，对其法人或自然人也要处以同款的罚金刑。

在日本城市土地的开发过程中，以1975年东京都江东区六价铬等重金属污染为代表的城市土壤污染不断涌现出来。为了弥补城市土壤污染法律的空白，日本2002年颁布了《土壤污染对策法》，该法主要针对城市用地土壤污染问题，涵盖了土壤污染状况的评估制度、防止土壤污染对人体健康造成损害的措施和土壤污染防治措施的整体规划等内容，对工厂、企业废止和转产及进行城市再开发等活动时产生的土壤污染进行了约束，这也有效降低了城市行为对农用地土壤污染的影响。

1991 年日本制定了《土壤污染环境标准》，经过 1994 年和 2001 年的两次修订，该标准规定了土壤中镉、铅、汞等 27 种特定有害物质的含量限值。2003 年环境省制定的《土壤污染对策法施行规则》将需要监测的 25 种特定有害物质分为 3 类，分别为第Ⅰ类特定有害物质，主要是四氯乙烯等挥发性有机物；第Ⅱ类特定有害物质，主要是镉等重金属；第Ⅲ类特定有害物质，主要是西玛津等农药成分。土壤污染环境标准可以分为土壤溶出量标准和土壤含有量标准两种。土壤溶出量标准主要基于人体摄食受有害物质溶出污染的地下水时，可能会对健康造成危害而制定；土壤含有量标准则是基于人体直接从含有害物质的土壤摄取食物时，可能会对健康造成危害。日本土壤污染环境标准中的特定有害物质及限值见表 5-2。

表 5-2　日本土壤污染环境标准

特定有害物质		地下水标准 ρ（mg/L）	土壤溶出量标准 ρ（mg/L）	土壤含有量标准 ω（mg/kg）	土壤第二溶出量标准 ρ（mg/L）
种类	名称				
Ⅰ类	四氯化碳	≤0.002	≤0.002		≤0.02
	1，2-二氯乙烷	≤0.004	≤0.004		≤0.04
	1，1-二氯乙烯	≤0.02	≤0.02		≤0.2
	1，2-二氯乙烯	≤0.04	≤0.04		≤0.4
	1，3-二氯丙烯	≤0.002	≤0.002		≤0.02
	二氯甲烷	≤0.02	≤0.02		≤0.02
	四氯乙烯	≤0.01	≤0.01		≤0.1
	1，1，1-三氯乙烷	≤1	≤1		≤3
	1，1，2-三氯乙烷	≤0.006	≤0.006		≤0.06
	三氯乙烯	≤0.03	≤0.03		≤0.3
	苯	≤0.01	≤0.01		≤0.1

（续表）

特定有害物质		地下水标准 ρ（mg/L）	土壤溶出量标准 ρ（mg/L）	土壤含有量标准 ω（mg/kg）	土壤第二溶出量标准 ρ（mg/L）
种类	名称				
Ⅱ类	镉	≤0.01	≤0.01	≤150	≤0.3
	六价铬	≤0.05	≤0.05	≤250	≤1.5
	氰化物	不得检出	不得检出	≤50	≤0.03
	汞	≤0.0005	≤0.0005	≤15	≤0.005
	硒	≤0.01	≤0.01	≤150	≤0.03
	铅	≤0.01	≤0.01	≤150	≤0.03
	砷	≤0.01	≤0.01	≤150	≤0.03
	氟化物	≤0.8	≤0.8	≤4 000	≤24
	硼化物	≤1	≤1	≤4 000	≤30
Ⅲ类	西玛津	≤0.003	≤0.003		≤1
	禾草丹	≤0.02	≤0.02		≤0.2
	福美双	≤0.006	≤0.006		≤0.06
	多氯联苯（PCBs）	不得检出	不得检出		≤0.003
	有机磷（4种）	不得检出	不得检出		≤1

注：土壤第二溶出量标准为采用不同管理措施时的标准。

三、具体做法及成效

日本自20世纪70年代开始，以治理环境污染和公害为起点，日本展开了政府、企业、社会团体和国民广泛参与的全社会性防治污染、节能减排、循环利用等环境保护行动，取得令人瞩目的成效。在这一过程中，发挥着重要作用的“第三方治理”主要表现出以下特征。

严格的审核、认定和规范制度以符合日本的相关法律规定，一般废弃物处理企业（或个人）和产业废弃物处理企业需分别由市町村和都道府县审核其资质和设施情况，并取得市町村长和知事的许可，一般期限为5年；再生利用企业要接受环境省的审核，取得环境大臣的许可，按照环境省制定的标准开展业务并每年报告业务情况；对于一些特定资源再利用（如容器包装、特定家电、建筑材料、食品循环资源、报废汽车、小型家电、农林渔业有机物质等）企业，除从业资格外，还对废弃物的分类收集、运输、处理过程和再资源化标准做出明确规定；此外，还赋予地方长官对企业的全部处理过程实施监督检查的权利，对违反规定者处以拘役、罚款和取消许可等惩罚。

（一）具体做法

1. 责任清晰、分工明确

日本环保行业的许可制度，使环保企业在各类废弃物的运输、保管、处理和再利用过程中分工明确，既保证了治污企业的专业性，又可以避免重复建设和无序竞争。如市町村可对部分一般废弃物以公共服务的方式处理，并被允许以公共服务主体身份按照政令规定的委托标准将收集、运输和处理等委托给专业处理企业；产业废弃物依照排放企业负责的原则以排放企业自行处理为主，也可以按照委托标准委托给专业处理企业，但必须对运输和处理情况亲自把握，确认处理结果；容器包装先由消费者分类投放、市町村分类收集，再交由指定法人（日本容器包装再生利用协会）向处理企业招标进行再生处理；特定家电由零售商回收，集中送回生产企业（或委托企业）处理，费用由消费者承担等。

2. 行业协会等民间组织发挥重要作用

日本的环保企业按照专业分工组织了很多的行业协会。这些协会除了为会员企业提供信息、数据、研究报告和开展交流活动以及协调工作外，其中一些协会还负责本行业的废弃物处理业务的招标和部分处理事业基金的管理工作。如前面提到的日本容器包装再生利用协会、日本环境安全事业株式会社、日本环境保全协会等。同时，铝罐再生利用协会、塑料再生利用协会、玻璃瓶再生利用促进协会、日本产业废弃物处理振兴中心等很多协会还积极开展环境保护、资源再利用等方面的教育、学习支援和宣传活动。2011 年由于东日本大地震给灾区造成的大量“灾害废弃物”，日本全国都市清扫会议积极配合环境省，组织了 237 个县市会员和 4 家企业会员提供大量人员、物资和资金参与清理工作，截至 2014 年 3 月共处理垃圾约 3 000万吨。

3. 挖掘闲置淘汰设备潜能，排污企业变成治污企业

日本的一些大企业利用由于矿山关闭、产能过剩等原因而闲置的设备开展资源回收利用事业，由原来的污染排放企业成功地转变为污染治理企业，如野村兴产 Itomuka 矿业所利用原有设备处理和回收废弃物中的汞，每年可处理 2 000个市町村的废干电池 1.7 万吨和 700 个市町村的废荧光灯 7 000吨；原三井金属矿业的神冈矿山从 1995 年起利用原来的炼铅设备每年可以从废车电池中回收 4.8 万吨的铅，占日本铅循环利用量的 1/3。有的企业还利用技术优势开展资源循环利用事业，既节约了成本又减少了自然资源的使用，直接为环境保护做出了贡献，如王子制纸集团 2005 年造纸原料的 60%来自废旧纸张，达到 497 万吨，占日本废旧纸张使用量的 26.7%。

4. 政策引导环保行业的发展方向

日本环境保护政策经历了从 20 世纪 70 年代重视减排和废弃物处理，到 80 年代以后强调能源资源的节约使用和再生利

用，再到 21 世纪以来的循环型社会建设目标（抑制废弃物产生、促进资源循环利用和降低环境负荷）等几个发展阶段。在每个阶段，日本政府都制定相应的政策和措施，一方面强制企业遵循新的制度从事生产经营活动，另一方面通过减税和补助金等经济手段鼓励企业将资源转向新的产业。

受政策导向和市场环境变化的影响，日本的环境产业得到较快的发展，事业内容基本涵盖了整个环保领域，如废弃物回收、处理和再利用，大气、土壤、水质和噪声污染防治，环境监测和数据采集分析，教育培训及信息提供，减轻环境负荷和节省资源能源的技术研发等。2012 年环境产业的市场规模达到约 86 万亿日元（占国内全产业规模的 9.6%），从业人员达到 243 万人，分别比 2000 年增长约 49%和 39%。

（二）取得成效

日本土壤污染管理制度充分调动了中央和地方政府、企业、社会公众的资金和力量，取得了较好的政策效果。

1. 土壤污染调查和修复措施大量开展，土壤环境质量改善

1970 年《农业用地土壤污染防治法》颁布以后，日本开展了以清洁土壤为主要手段的土壤修复工程。截至 1997 年，占日本全部受污染土地面积 76%（7 140hm^2）的土壤修复工程已经宣告完成。2002 年《土壤污染对策法》颁布后，土壤污染状况调查和土壤污染指定地区不断增加。2002—2004 年，日本政府进行的土壤污染调查由 650 件增加到 838 件，土壤污染指定地区由 380 个增加到 454 个。土壤污染调查和管理的加强，激励土地所有者和污染者治理和修复土壤污染，有利于土壤环境质量的改善。2006 年，土壤污染指定地区大幅下降到 161 个，其中 70 个（占 43%）通过污染整治而解除制定。

2. 激励企业自主治理和修复土壤污染

日本土壤污染管理制度激励企业参与土壤污染状况调查，主动采取污染治理和修复措施，使土壤污染整治由被动治理向主动治理转变。为了治理土壤重金属污染，日本制定了重点行业重金属减排政策。以汞减排为例，日本在氢氧化钠、氯乙烯单体、电池、照明、医疗设备以及用汞药品等行业采取切实可行的禁汞、限汞措施，为推进汞减排打下了良好的基础。经过多年的努力，日本的含汞工艺和产品用汞量不断下降，汞需求量已经从 1964 年最高峰的每年 2 500吨下降到近几年的每年 10 吨。

3. 促进环保产业的发展和完善

日本土壤污染管理制度促进了土壤环境污染治理和风险管理的相关环保产业的发展，催生了土壤污染调查和监测机构、土壤治理工程中介等一系列相关产业，促进了就业，拉动了经济增长。同时，环保产业得到了公共财政的支持。环保产业的发展有效地处理了废水、废气和废渣，有利于土地环境质量的改善。

4. 鼓励公众参与，维护合法权益

日本土壤污染管理制度鼓励公众参与，发挥公众对政府和企业的监督和约束作用。通过公益诉讼制度，维护土壤重金属污染受害者的合法权益。例如，未被日本政府认定为公害病患者的痛痛病受害者，没有得到任何赔偿，联合组成了“神通川流域镉污染受害团体联络磋商会”，向责任企业东京三井金属公司提起民事诉讼，最终双方在 2013 年 12 月 17 日通过“和解”的方式签署协议。三井金属将建立针对这些人的健康管理支援制度，每人一次性赔偿 60 万日元（约合人民币 3.5 万元）。此外，三井金属还向礎商会支付和解金，为“痛痛病”造成的严重伤害致歉。

四、经验借鉴与启示

（一）治理经验

在日本治理环境污染的经验中，始终强调各级政府、企业、社会团体和国民的全社会参与性。中央和地方政府负责制定政策及标准，建立健全运行机制，监督和评估政策的执行情况。企业在资源使用、产品和废弃物污染环境方面受到约束的同时，通过技术革新和利用技术设备优势开展自主性环保事业的活动也受到鼓励。虽然日本的相关资料没有出现“第三方治理”的提法，但是通过总结和分析，我们可以看到“第三方治理”企业在日本环境污染治理过程中发挥着重要的作用，其经验值得我们学习和借鉴。

1. 完善的法律体系客观上使“第三方治理”成为可能

日本在环保领域的法律体系建设非常完善。这些法律对环境污染治理活动具有指导性意义，不仅明确规定了各级政府、企业、社会团体和国民的责任与义务，还规范了各专项环境治理的原则和流程，在客观上为环保产业市场的形成和发展提供了保障。如法律强调排放者责任和扩大生产者责任，约束生产者和污染排放者不仅要在生产过程遵循 3R 原则（Reducing：减量化；Reusing：再利用；Recycling：再循环），还必须为产生的污染付出成本；同时，允许企业和地方政府将自身责任外的处理业务委托给获得许可的企业实施。这就为环保产业市场拓展了需求空间，鼓励更多的“第三方治理”企业加入。法律还对各类非正常的污染物处理和非法投弃等行为做出了严格惩罚规定，有效地减少了逃避治污责任的行为，避免了环保市场“劣币驱逐良币”现象的出现。

2. 政府的政策措施为“第三方治理”提供了制度保障

为保证环保法律的有效实施，日本中央政府和各级地方政府都制定了环境发展规划和完善的配套政策措施。首先，政府制定严格的环境保护标准，对资源能源的使用效率、各类污染的产生、处理和治理目标以及自然环境的各项指标做出明确的规定，并指定专门机构负责检测和监督。其次，鼓励企业编制环境报告书定期向社会发布其产业活动中有关环境保护行动的方针、目标、管理制度、活动内容和实际成效等，推动企业增强环保意识，开展自主性环保活动。最后，地方政府负责对从事“第三方治理”的企业和人员进行资格核准、指导和监督工作，制定委托处理业务的处理标准和委托标准，要求委托企业把握委托处理的进展情况，被委托企业提交宣言书，并在处理任务完成后记载相关事项反馈给委托企业。上述措施有效地规范了环保产业市场供需双方的市场行为，为“第三方治理”提供了制度保障。

3. 利用税收和补助金等经济手段鼓励和扶持“第三方治理”企业

日本的环保税种主要与能源消耗相关，如燃油、燃气、电力和煤炭，以及汽车购置、保有、重量税等。税收作为一般财政收入被用于自然环境保护、节能家电、节能建筑、低能耗汽车等领域的减税补贴。2012 年 10 月，日本开始对引起地球温暖化的资源（燃油、燃气和电力等）使用征收“地球温暖化对策税”（即环境税），用于补助节能环保产品和普及可再生能源等。在环保方面的税收优惠政策主要有：一是对致力于节能减排的企业实行减轻税收的鼓励政策；二是创立“绿色税制”，减轻购置新能源汽车、环保型汽车和节能住宅的税率。

日本在财政经费中设有用于保护地球环境、防止公害等专项经费（即环境保全经费），以补助金的形式资助大气、土壤、水资源等地球环境保护、废弃物处理和再利用、化学物质对策等环保领域的研究开发和设施建设等。2013 年和 2014 年的预算分别为 1.9 万亿和 1.7 万亿日元。政府的一些相关机构如日本政策金融金库、中小企业基础维护机构、石油天然气金属矿物资源机构等还为各种环境保护事业提供金融服务。

4. 循环产业的培育为“第三方治理”提供了方向

为了扶持和帮助环保企业的发展，日本政府建立了“优良产废处理业者认定制度”，鼓励产业废弃物处理企业在业务活动中更加注重降低环境负荷。获得认定的优良企业不仅可以享有行业许可有效期限延长的优惠政策，还会由于受到市场好评而得到更多排放企业的业务委托。同时，政府利用“循环型社会形成推进交付金制度”资助废弃物处理及再利用设施的建设和完善，加速地方循环型社会建设的社会资本整合进程，努力实现废弃物 3R 目标。此外，政府还制定了“综合物流施策大纲（2013—2017）”，计划构建低碳型静脉物流系统，以解决大量废弃物和再生资源因中长距离运输所产生的资源能源浪费问题。具体做法是在全国选定 22 个港口作为“综合静脉物流据点港”，与大都市圈的静脉物流据点形成物流网络，利用海运提高运输效率。据点（港）的建设采取官民协作的形式，政府提供资金补助，民间企业负责建设和经营管理。

5. 环保教育和民间环保活动为“第三方治理”提供了坚实的社会基础

日本的环保教育活动非常普及，实施主体包括各级地方政府、企业、学校、社会团体，实施对象包括从幼儿到老人各个年龄阶段的人群。教育活动的方式多种多样，如演讲会、讨论会、参观、研修、新闻媒体、宣传板和小册子等，很多政府、企业和社会团体的网页都有面向成人、学生和儿童的各种图文并茂的环保宣传内容。教育活动的内容包括普及环境知识及公害教育、宣传环保政策、提高环保意识等。

日本国民都很珍视身边的自然环境，加上环保教育的普及，使得国民的环保意识普遍较高，能够自觉地参与环保活动。如主动将生活垃圾分类整理并按时投放在指定地点；在公共场所保持环境清洁不乱丢弃垃圾杂物；社区居民自发组织起来清理周边的杂草杂物；积极配合政府的节电、节能、减量使用等环保措施。日本社会的这种环境意识氛围，极大地方便了环保企业的事业开展，为“第三方治理”提供了坚实的社会基础。

6. 开展国际合作拓展“第三方治理”的发展空间

各级政府积极参与环保领域各种国际组织以及国家间的交流与合作，大力推广日本在制度建设、政策实施和组织管理等方面的成功经验，鼓励和支持环保企业利用技术优势和先进的装置设备开拓海外市场，扩大“第三方治理”企业的发展空间。

（二）借鉴启示

推进环境污染第三方治理是我国环保领域改革的一项重大举措，相关的政策正处于研究制定阶段。认真研究和学习环保领域发达国家的实践经验，有利于我们更好地开展这项工作。

国外的经验表明，在市场机制下鼓励第三方治理模式，不仅可以提升环境污染治理效率，还能为环保产业创造更多的市场需求和就业机会，形成新的经济社会可持续发展增长点。总结和借鉴日本的先进经验，对于我国顺利推进环境污染第三方治理模式，提升环境保护质量和效率，带动环保产业的健康发展具有重要的现实意义。我国目前经济社会的发展状况与日本经济高速增长期的后半段类似，即伴随着工业化的快速发展和经济总量的不断提高，诸如大气污染、水质污染、生态环境恶化、工业废弃物和城市生活垃圾增多等环境污染问题日趋严重。虽然政府在环保领域制定了很多的政策措施，投入了大量的资金和资源，但是成效并不显著。认真总结和借鉴日本的一些成功经验，有助于我国更好地推进环境污染“第三方治理”机制的建设和发展。

1. 普及环保知识，宣传环保法规，营造全社会依法治污的氛围

我国在环保领域的法律制度有很多，法律体系已经相当完备，各级政府也制定了相应的规划、措施和办法。但是由于宣传和普及不够，大多数国民对法律和政策的内容了解很少，掌握的环保知识也多停留在环保常识的水平。在这种社会氛围下，国民不能积极主动参与环保活动，环境污染也不能得到有效的监督，排污企业逃避治污责任的行为变得更加容易。因此，应该利用多种方式加大环保知识的普及和环保法规的宣传力度，提高国民的环保意识水平，营造全社会依法治污的氛围，这样才有利于环保产业市场的建立和发展。

2. 培育环境污染治理企业

我国以前实行的是“谁污染，谁治理”的环境污染治理模式，环保产业市场的社会需求有限，所以现有的专门从事环境污染治理的企业不多，且多集中于大城市或示范园区。另外，一些行业的污染处理需要较高的专业技术和较大的资金设备投入，提高了行业准入条件。为此，各级政府应在政策和资金方面提供支持，大力培育和扶持环境污染治理企业，提高企业的治污能力水平，以满足未来环保产业市场发展的需要。同时，鼓励有条件的排污企业开展自主性治污活动，最大程度减少污染物的排放量。此外，参照我国以前引进国外家电和汽车企业的模式，可以考虑允许一些治污经验丰富、技术力量较强的外国企业进入本地市场。这样一方面可以弥补国内现有企业能力和数量上的不足，另一方面可以带动国内企业尽快提高技术和管理水平，适应未来市场的要求。

3. 建立审核、指导和监督机制，规范排污治污企业的市场行为

政府部门应完善环境污染“第三方治理”机制的规章制度：对于排污企业，指定专门机构负责监督其污染产生、处理和排放的过程，核准污染物的种类和数量，确保污染物的有序排放；对于治污企业，建立审核机制考核资质、治污能力和信誉情况，建立监督机制（或指定委托企业）监督污染处理过程和处理结果是否符合环境标准。政府部门还要规范契约蓝本，指导双方企业签订的契约内容真实准确、符合环保要求。

4. 为促进环保产业的迅速发展，政府应多渠道地提供金融支持

第一，鉴于目前治污企业较少且行业准入条件较高，设立各级财政专项资金用于支持重点行业、重点地区污染治理企业的发展，资助与治污相关的基础设施建设。第二，对于包括“第三方治理”企业在内的从事环保相关事业的企业给予减轻税收待遇，降低企业的成本负担，引导社会资金投向环保产业。第三，筹集资金设立环保专项基金，面向环保企业提供优惠贷款。第四，动员商业金融机构参与环保事业，为环保企业和环保事业提供优惠贷款。

第六章　湖南耕地重金属污染第三方治理试点案例

一、试点基本情况

湖南省重金属污染耕地面积约 1 420万亩，是我国耕地重金属污染的重灾区，2014 年国家在湖南省长株潭地区启动耕地重金属污染治理试点，各地政府高度重视，积极探索。初期，湖南试点采取“政府主导型”治理模式，政府从组织协调、制订总体方案、规范产品目录和技术规程，到物资采购、宣传培训、技术措施落实和最终检查考核都是“全过程、全方位”参与，既当“运动员”，又当“裁判员”，承担了很多本应由企业、专家和农民做的事情，这种“全过程、多身份、无分工”的模式使政府分身无术，“身份不清、责任不明、机制不活、人手不够、效率不高”等问题凸显。由于经验不足、机制不活，治理模式始终没有破题，试点进展和效果受到很大影响。

2015 年在政府试点方案的激励下，永清环保股份有限公司与农户直接签订治理合同，在 3 个村 6 000亩耕地上，采用土壤钝化+叶面阻控+水分管理+有机肥的技术体系进行治理，治理区稻米降镉效果明显。2016 年，湖南省在长沙市望城区、浏阳市，株洲市株洲县、醴陵市、攸县，湘潭市湘乡市等县市区试点第三方治理，特别是长沙市望城区与永清环保股份有限公司签订23 万亩治理合同推进整区治理。

在总结望城区等县（区）推进第三方治理的经验基础上，湖南省 2017 年制定印发了《关于加快推进重金属污染耕地第三方治理的指导意见》，明确了总体目标、第三方治理模式、各方责任、相关操作程序、经费拨付使用规定、考核验收办法等。同时决定在长株潭试点区全面推行第三方治理，并建立了省政府统一领导、市政府统筹协调，县（市、区）政府具体负责的工作机制。第三方治理试点聚焦于长沙县、望城区、宁乡市、浏阳市、株洲县、醴陵市、茶陵县、攸县、湘潭县、湘乡市等10个县（区），按照《关于加快推进重金属污染耕地第三方治理的指导意见》，完成耕地污染第三方治理招投标工作，遴选确定60多家公司参与耕地重金属污染第三方治理，有序推进相关工作。

二、第三方治理的做法与成效

（一）具体做法

1. 加强组织领导、制定有关政策，构建政策保障体系

湖南省人民政府长株潭耕地重金属污染修复治理与种植结构调整领导小组负责第三方治理试点工作的组织领导、统筹协调和审定试点方案，并将试点工作责任分解到各级政府和责任部门。省、市、县三级政府分别签订责任状，年底实行绩效考核，层层压实地方政府主体责任，确保试点工作任务落实到位。

省级管理部门负责制定试点工作总体方案、第三方治理指导意见、镉低积累水稻品种指导目录、土壤修复产品推荐目录和相关技术规程，研究出台相关扶持政策，制定试点工作验收考核办法；负责组织修复效果总承包第三方治理实施方案专家论证，评价第三方治理效果；同时加强试点工作的督促检查、技术指导和验收考核。试点县市区政府根据省试点工作总体方案要求，细化、实化县市区试点实施方案，落实配套资金，并统筹安排相关财政资金，通过现有政策和资金渠道加大对试点工作的支持力度，将农业综合开发、高标准农田建设、农田水利建设、测土配方施肥等涉农资金，更多用于优先保护区和安

全利用区耕地管护与治理工作。通过政府购买服务，确定第三方监理企业，对第三方治理进行全程监管和验收考核。

2. 在轻度和中度污染区域分类推行第三方治理

在各试点县市区分类推行“第三方治理”，通过政府购买服务，全面推行“修复措施服务总承包”和“修复效果总承包”第三方治理。

在轻度污染耕地，各试点县市区通过政府购买服务，全面推行“修复措施服务总承包”第三方治理。为确保第三方服务总承包效果，单个第三方治理措施服务承包总面积不超过 5 万亩，推广 VIP 修复技术模式。

在中度污染耕地，各试点县市区大力推行“修复效果总承包”第三方治理，推广 VIP+n 修复技术模式，进行 VIP+n 技术模式应用阈值验证。参与第三方治理的企业必须有自主知识产权的修复治理技术及产品，其修复治理技术及产品必须通过省农业委员会组织的新技术新产品效果验证试验并入围《长株潭重金属污染耕地修复及农作物种植结构调整试点推荐产品（第一批）》。为确保第三方治理效果、有效控制生态环境风险，通过农业部登记的修复产品（土壤修复剂、叶面阻控剂），原则上第三方治理单个效果承包总面积不超过 3 万亩；未经过农业部登记的修复产品（土壤修复剂、叶面阻控剂），在同一个县域内第三方治理效果承包总面积不超过 1 万亩。同一个未经农业部登记的修复产品在试点中总试用面积不超过 1 万亩。各类第三方治理单位承包单个项目面积不低于 5 000 亩。第三方治理企业需自主编制“修复效果总承包实施方案”，其技术方案须通过省试点工作领导小组办公室组织的专家论证。同时，全面推行第三方监理。

3. 开展第三方治理效果比对试验

由湖南省农业资源与环境保护管理站组织，在第三方治理修复措施服务总承包区域开展修复治理效果比对试验，在修复效果承包区域开展空白对照试验，对第三方治理修复措施服务总承包、修复效果总承包的修复治理效果分别进行监测评价。

修复措施服务总承包区域，原则上每1 000亩设置1个比对试验点，每个第三方治理修复措施服务总承包区域比对试验点数不得小于10个。每个比对试验点，选择1个2~3亩的有代表性的典型田块，设置空白对照和VIP（+n）技术措施2个小区。比对试验数据作为修复措施服务总承包第三方治理效果考核验收和资金支付的依据。

修复效果总承包区域，原则上每1 000亩设置1个空白对照试验点，每个第三方治理修复效果承包区域空白对照试验点数不得小于10个。每个空白对照试验点，选择1个2~3亩的有代表性的典型田块，进行不采取任何修复治理措施的常规种植。空白对照试验数据结合修复治理效果跟踪调查监测数据，作为修复效果承包第三方治理效果考核验收和资金支付的依据。

4. 分区治理调查监测为考核验收提供依据

对试点区域开展污染耕地长效管护与修复治理效果监测和灌溉水源监控与处理，为考核验收提供依据。

一是优先保护区长效管护效果动态监测。在优先保护区耕地，按照每150亩1个点，“一对一”同步采集土壤与中、晚稻等稻谷样品，开展耕地长效管护效果动态监测，与前3年数据对接，分析土壤重金属活性与农产品重金属含量变化趋势，跟踪验证VIP+n技术模式修复治理效果稳定性、全面评价优先保护区土壤与农产品重金属污染风险变化情况，为试点县市区政府主体责任的落实情况考核提供依据。

二是安全利用区修复治理效果跟踪监测。在安全利用区耕地，按照每150亩1个点，“一对一”同步采集土壤与早、中、晚稻等稻谷样品，开展耕地重金属污染修复治理效果跟踪监测，为第三方治理修复措施服务总承包和修复效果总承包效果评价、考核验收、资金支付提供依据。

5. 严格执行第三方治理的制度和考核管理要求

第三方治理实行省政府统一领导，市政府统筹协调，县市区政府具体负责的工作机制。明确组织方、承包方、监管方的责任，规范组织程序，强化监督管理。第三方治理的年度公告制订、政府采购组织、技术方案论证、治理合同签订、专业监理、部门监管、效果监测、考核验收等规定要求，按照省农业委、省财政厅制定颁布的《关于加快推进重金属污染耕地第三方治理的指导意见》和《重金属污染耕地第三方治理验收考核办法》执行。在省、市农业和财政部门的指导下，每年11月30日前，由试点县市区人民政府依据合同约定、监理台账、监理报告、监测数据和评价报告开展第三方治理年度考核验收。第三方治理和第三方监理实行严格的准入和退出机制。

（二）取得的成效

湖南省试点区通过推行第三方治理，实现了“政府工作顺畅、企业效益良好、治理效果明显、干部群众满意”的多重优化目标。

一是建立了科学合理的工作机制。最初，试点采取政府主导型治理模式，政府部门全过程、全方位参与，承担了很多本应由企业、专家和农民做的事情，这种“全过程、多身份、无分工”的模式，使政府部门分身无术，责任不明，效率不优。通过引进第三方治理，厘清了相关各方的工作边界和权利责任，政府作用和市场作用都能得到充分发挥，工作机制更加顺畅高效。

二是农产品镉含量有效降低。目前，湖南省已形成了相对有效的修复治理技术体系。湖南省农委通过“稻米镉污染控制技术研究与示范工程”，筛选出一批对镉低吸收、低积累的水稻品种，掌握了水稻不同植株部位对镉吸收积累规律，探索出有效降镉的科学水分管理模式。筛选出有效降低稻米镉吸收的改良剂，集成组装了 VIP 和“VIP+n”技术模式，其中，V—即低镉品种 Variety、I—即合理灌溉 Irrigation、P—即 pH 值调控，n—即其他辅助措施，如：生物菌肥、叶面硒肥和土壤修复改良剂等。长株潭地区无论是政府主导型还是企业主体型组织运行管理，采用 VIP、“VIP+n”修复技术，稻米镉含量达标率都已趋于稳定。“VIP+n”修复技术小区的早、晚稻镉达标率普遍超过 90%，千亩万亩标准化示范片早、晚稻镉达标率分别为 84.9%和 81.6%。效果区稻米达标率提高 40%，降镉率达 40%；措施区措施到位率达到 100%。

三是土壤性状得到明显改善。在治理过程中，注重统筹兼顾降低重金属比重与增强耕地综合能力，通过施用石灰、种植绿肥、增施有机肥、深耕改土、优化稻田水分管理和施用微生物菌剂等多种措施，轻中度镉污染耕地土壤理化性状得到明显改善。其中，土壤 pH 值从 5.51 提高到 5.88，强酸性土壤比例显著降低，土壤酸化得到有效缓解；土壤有效态镉总体呈降低趋势，早、中晚稻土壤有效态镉降低幅度在 20%~30%。经过评估，试点区有 46.8 万亩耕地可从安全利用区转到优先保护区。

四是农民收入保持相对稳定。2014—2016年，国家共安排近42亿元试点资金，支持湖南长株潭地区开展耕地重金属污染治理，对因此导致的农民收益损失也列支了专项补助，包括镉低积累水稻品种种子补贴、粮食差价补贴、农民收益风险补贴等，从而保证了试点区农民收入保持在合理水平。同时，随着修复治理的不断深入和耕地质量的明显提升，一些试点区的水稻品质达到了安全质量标准，售价随之提高，试点区农民收入也相应增加。还有的第三方采取向农民购买服务方式，组织农民共同参与修复治理。比如，永清环保股份有限公司与农户签订合同，按照800元/亩的价格，组织农民参与其承包的6 000亩污染耕地治理，既增加了农民收入，又保证了技术措施落到实处，大大提高了修复治理的效率与质量。

五是形成了分区推进的治理模式。根据土壤与稻米污染情况，湖南省将重金属污染耕地划分为达标生产区、管控专产区、作物替代调整区。土壤镉含量<0. 6mg/kg和稻米镉含量<0. 2mg/kg的轻度污染区列为达标生产区，土壤镉含量0. 6~1. 0mg/kg或稻米镉含量0. 2~0. 4mg/kg的中度污染区列为管控专产区，土壤镉含量> 1. 0mg/kg或稻米镉> 0. 4mg/kg的重度污染区列为作物替代种植区。在不同区域实行不同的修复治理措施，从而做到了靶向明确，有的放矢，节约成本，提高效率，有效阻断重金属对食用农作物的污染。

（三）第三方治理优势

一是职责明确，专业分工。选择有资质、有治理经验的企业，企业组织成立专业的治理团队，根据合同要求和治理目标，设计有针对性的方案，时间和人员有所保证，具有技术和组织优势，也能够很好地控制成本，实施科学规范，第三方治理服务可以在大面积实施机械化方面进行尝试。企业直接与农户打交道比较困难，政府负责流转耕地，协调农户，有利于治理措施到位。

二是机制更加合理顺畅。没有采取第三方治理试点时，政府既要具体负责项目实施，又要负责监管和考核验收，人手不够，影响治理效果。每一项治理措施都需要招标，例如撒施石灰，从购买招标发文到公开招标结束，所有程序走完至少需要七八十天，物资购买后还需取样送检，严重耽误农时。采用第三方治理模式，企业负责采购物资和治理实施，减少了许多中间环节和程序，能够及时有效治理污染。政府主要负责监管和考核，对于企业购买的所有物资，政府都要采样检测，送检合格后才允许施用。

三是基层更容易接受。各级政府事务繁杂，政府主导实施治理属于既当运动员又当裁判员，而第三方治理解放了基层干部，专业担当裁判员，政府可以从繁杂的日常事务工作中解放出来，专门负责组织协调和监管考核工作，监管责任更好落实。对大多农户来说，青壮年外出打工，劳动力严重缺乏，妇女和老人很难把修复治理措施落实到位，专业公司制定详细治理方案，上门到田指导技术措施的落实，农户只需做好相关配合就可以。

三、问题与挑战

湖南省引入第三方参与耕地重金属污染修复治理，在全国尚属首次。由于缺乏法律制度保障、成熟实践经验、修复治理工作复杂难度大等原因，耕地重金属污染第三方治理机制有待完善提升，推行第三方治理中仍存在着一些困难和问题。

一是第三方治理的体制机制有待健全。2014 年国务院办公厅印发《关于推行环境污染第三方治理的意见》，治理以环境公用设施、工业园区等领域为重点，没有涉及农业环境领域第三方治理问题，耕地重金属污染第三方治理缺乏相应的法律依据。在法律上难以厘清政府、企业、部门和土地使用权人在土壤污染防治中的责任。目前，国家对耕地重金属污染第三方治理没有明确的政策制度规定，大部分地方政府对第三方治理了解不多，不愿主动开展第三方治理，制约了第三方治理的进展和规模。耕地重金属污染治理作为一门新兴的产业，目前技术标准还不完善，市场发育还不够，修复治理技术较强的企业还不多，还不能为第三方治理提供足够的产业和科技支撑。

二是第三方治理的扶持政策有待加强。第三方治理缺少财政扶持，现有的扶持政策存在不确定性、缺乏连续性。同时面临资金短缺、投融资渠道狭窄、市场发育不够等制约。另外，绝大多数第三方治理企业实力普遍不强，需要进一步加强财政资金、政府补贴、金融保险、税收优惠等方面的支持。在具体项目的资金补助上，突出表现为补助的年限、标准、环节缺乏稳定性和延续性，比如，结构调整补助标准不够细化、量化，深耕改土、绿肥种植等补贴标准过低等。耕地重金属污染治理和种植结构调整是一项复杂的系统工程，涉及广大农户、农村经济合作组织和农业企业等多个主体，试点资金在不断增加总量的基础上，须综合平衡各方利益，统筹好生产和生态两个目标。

三是第三方治理的技术措施需要进一步创新和落实。耕地重金属污染治理是一项技术体系复杂、执行难度大、影响因素复杂、见效慢且容易出现效果反复的艰巨工作。分散农户的思想认识、农机合作社的标准化作业能力、传统农业生产的固有习惯、自然和气候、污染源解析的信息不完整都会影响修复治理的最终效果，远远超出方案设计时的影响因素识别范围。基层干部群众反映，修复治理技术过于繁杂，亟须简化，有的还需进一步改进完善。一是优化水分管理中的水稻生长后期淹水技术，与农民习惯的高产栽培技术有冲突，有些农民不认同不接受；冷浸田的开沟排水、抗旱水源、灌溉设施不配套；完全按照水分管理办法实施的区域，收割机不好下田、上岸，收割难度大。二是镉低积累品种筛选和选育、治理修复机理和关键技术等研究开发滞后，有的低镉水稻品种种子发芽率不高，生育期长、部分品种易感病等。三是农机农艺融合配套还不成熟。比如，小型整耕机械下田平整深翻土壤容易翻倒；撒施石灰的机械尚未成熟，有待提高，人工撒施容易被烧伤。四是秸秆还田技术与修复治理技术不相适应。检测结果显示，水稻秸秆中镉含量一般为稻谷镉含量的5倍以上，被还田的秸秆连同重金属一起留在了稻田里，造成重复污染。

四是开展第三方治理的积极性有待提高。从政府来看，一些部门对第三方治理了解不多，不确定要承担什么责任，不能够主动支持开展第三方治理，制约了第三方治理的进展和规模。**从第三方来看，**由于第三方治理对企业资质、管理和技术等要求较高，政府部门制订的治理方案没有考虑到差异性，影响了第三方参与的积极性。**从农民来看，**大部分青壮年愿意外出打工赚钱，加上撒施生石灰造成伤害事件时有发生，水稻淹水技术不符合农民种植习惯，一些农民特别是村中年龄较大的农民参与耕地修复治理的热情不高。

四、第三方治理的运行机制

作为新尝试，湖南省引导第三方参与耕地重金属污染治理，形成了“政府引导、企业主体、农户参与、效益兼顾”的长效运行机制。不同主体间分工明确、各司其职，实现了“政府工作顺畅、企业效益良好、治理效果明显、干部群众满意”的多重优化目标。**从政府看，**引进第三方，做好裁判员，重点负责顶层设计、组织协调、监管考核，从繁杂的具体事务中解放了出来，大大提高了工作效率。**从企业看，**可以公平公正的参与招投标，通过治理的市场化、专业化、产业化，可以提高企业的技术创新能力和经济效益，大大提高了参与治理的积极性。**从农户看，**作为耕地直接使用者，积极配合第三方治理企业实施耕地重金属污染治理各项措施落实，引进第三方治理对改善土壤性状和水稻品质效果明显，自身的经济利益也能得到有效保障，非常支持和认可。具体关系如图 6-1 所示。具体做法如下：

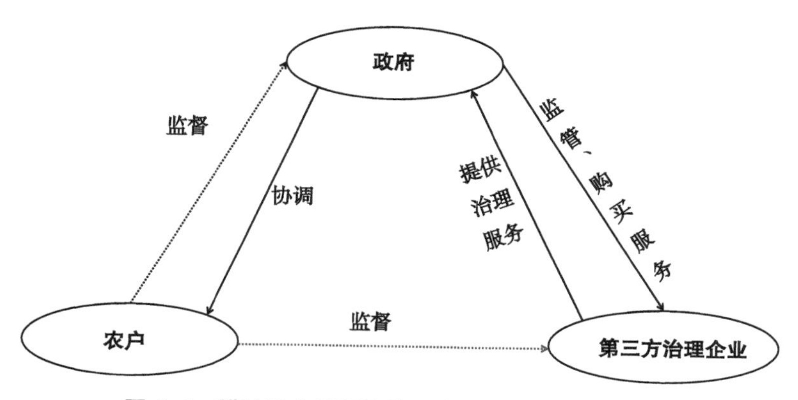

图 6-1　耕地重金属污染第三方治理的参与主体关系

一是注重依规治污，为第三方参与治理提供可靠的制度保障。耕地重金属污染第三方治理实际上是公私合营的新模式，政府为私人组织提供一定的特许经营权，私人组织进行项目设计、融资、建设、经营等活动，提供合同约定的治理服务，政府和私人组织之间建立起利益共享、风险共担和全过程的共同体关系。围绕耕地重金属污染防治，湖南省印发了《湖南省土壤污染防治工作方案》《湖南省重金属污染耕地修复及农作物种植结构调整试点意见》《湖南省重金属污染耕地修复治理新产品新技术集中展示指导意见》《关于加快推进重金属污染耕地第三方治理的指导意见》等多个文件，各试点区县根据国家和省有关文件精神，也制定出台了相应配套措施，从治理目标、主要模式、组织管理、程序规范、考核验收、政策措施等方面进行了系统设计，为第三方参与治理提供了有效保障。

二是加强宣传与发动群众，为第三方参与治理提供广泛的群众基础。湖南省强调群众在第三方治理修复过程中的主体地位，通过多种方式调动广大农民参与的积极性和主动性。湖南省有关部门采用立体式宣传，实现电视上有形，电台上有声，网络上有图，报纸上有文，试点区宣传标语到处可见。正是这种铺天盖地、接地气的宣传发动方式，使干部群众充分认识到了重金属污染的严重危害和修复治理的重大意义，营造了全社会关注耕地治理、促进绿色发展的浓厚氛围，促使参与耕地第三方治理成为广大农民群众的自觉行动。同时，开展各层级多形式的技术培训，让农民了解掌握各项技术措施要点及实施方式，提高农民参与第三方修复治理污染耕地的能力。

三是统筹政府作用与市场作用，为第三方参与治理搭建高

效的运转平台。湖南省建立了省、市、县（市、区）三级联动的工作机制，省政府统一领导、市政府统筹协调、县（市、区）负责具体实施，省财政厅、农委和各市县政府给予资金、技术等方面支持，乡镇主管部门、农民合作社、农户积极支持和配合第三方治理，从而形成了各级各部门齐抓共管的工作局面。第三方治理企业充分发挥团队、技术和组织等优势，贴近治理第一线，上门下田对农户进行指导，不仅保证了技术措施落实到位，还破解了由于农村青壮年劳力缺乏、污染治理难推进的矛盾。特别是大大提高了物资采购及投放效率。政府有关部门物资采购招投标至少需要七八十天，物资采购后还要取样送检，环节多、耗时长、成本高。第三方治理企业在物资方面直接采购、直接检验，根据不同农时、不同治理模式直接投放，减少了环节和程序，提高了物资投放的精准性，也将政府部门从此类繁琐的工作中解放了出来。

四是因地制宜推行不同联结机制，为第三方参与治理创造有利的条件。湖南省受污染耕地面积广，修复治理工程量大，涉及农户数量多，但单项工程工期短，第三方与农户建立科学合理的联结机制，对保证技术与物资到位、提高治理质量与效率就显得尤为重要。目前，湖南省第三方治理企业在工程实施过程中，与农户主要形成了三种联结机制，有力促进了修复治理工作。第一种是委托合作社（大户）模式。公司与合作社（大户）签署委托施工协议，合作社（大户）雇用农民开展机械或人力作业，实践表明，这种模式效果最优。由于合作社特别是大户以卖粮赚钱为目的，修复耕地保证粮食质量安全的积极性主动性高，而且合作社（大户）具有机械化施工基础，容易接受修复的技术和措施。第二种是村组组织模式。对于小规模农户，公司与村组签署委托施工协议，村组负责人组织农民自行施工。公司负责村组农户的技术培训和现场指导，并对实施效果进行现场评估，不达标就现场整改。第三种是施工队组织模式。公司自行组建施工队或雇用其他施工队施工，优点是完全按照公司要求治理，保证工程不走样，缺点是实施成本相对较高。

五是加强过程监督，为第三方参与治理提供有效的支撑。比如，望城区政府和第三方监理机构对第三方的措施落实、工程进度和治理质量等情况，开展了全面的动态监督与管控，要求第三方每周五都要将本周的相关情况及下周的工作安排，以文字形式上报到区农林局，各项目点也要主动向当地党委、政府汇报，以便做到问题及时发现及时整改。湖南省农委、省财政厅对望城区专项制定了考核办法，由省试点办牵头，组织有关专家和望城区农林局，不定期对关键节点进行专项督查。第三方也强化了内部管理，通过严格台账、过程拍照、现场抽检等手段进行全程管控。目前，各试点区基本建立了三级联动、三级确认制度，乡镇负责工作调度和监管指导，村（项目点）负责跟踪检查，小组负责具体实施，各项措施实施情况需经三级共同核实与确认。

五、第三方治理企业案例分析

以长沙市望城区委托永清环保股份有限公司开展耕地重金属污染第三方治理为案例，分析第三方治理企业的做法和运行机制。永清环保股份有限公司（以下简称永清环保公司）自2012年开始致力于农田土壤重金属修复的研究，2014年在长株潭地区开展了2 000亩轻、中度镉污染农田修复技术示范工作。2015年，永清环保公司主动联系望城区政府，选取6 000亩重金属污染耕地开展修复治理，耕地分属 3 个村，70%为大户自有，30%为合作社和其他小农户所耕种。

2016 年 5 月 16 日，永清环保公司与长沙市望城区农业局和林业局正式签订了 2016 年长沙市望城区重金属污染耕地修复试点整区承包项目服务合同，治理总面积 23.58 万亩，由 1 万亩效果承包区和 22.58 万亩措施承包区进行针对早、晚两季稻的修复治理，进度安排 2016 年 5 月至 2017 年 5 月。治理效果与 2014 年相比，1 万亩的效果承包区达标率提高 40%，降镉率达到 40%。22.6 万亩服务承包区，措施到位率 100%。永清环保公司的技术体系在望城区基本实现预期效果，为开展第三方治理试点奠定了坚实基础。

永清环保公司采用“土壤钝化+叶面阻控+水分管理+有机肥”的技术体系，将治理修复物资提供给种植大户和合作社，由合作社协助永清环保公司进行具体的宣传发动和组织实施，有效确保技术模式的落地。具体运行机制如下。

1. 加强前期调研

为全面掌握望城区 23.58 万亩重金属污染耕地污染和分布情况，摸清修复田块、田间道路、河网水系以及污染源分布，明确各项目点措施实施任务，永清环保公司项目部在项目进场前组织了为期数月的实地调研，包括：1 万亩效果总承包区的修复边界勘察、污染等级确认、运输路线和存储点确认，22.58 万亩服务承包区的行政调研、措施实施面积分解，确认运输路线和存储地点等。运输路线解决“最后一公里”问题，选择到田间距离最短的路线，距离太远，农户不愿意领取物资。

2. 强化组织管理

(1) 成立项目管理机构

为保障项目顺利实施，永清环保公司在望城区成立了项目指挥部，全面协调落实项目实施，在项目区 9 个乡镇、街道设立了 13 个项目点（表 6-1），具体负责项目监管落实。

表 6-1 各项目点监管区域和负责人情况

项目分区	监管区域	监管面积（亩）	负责人
效果承包区	长联村、新河村、新阳村	3 150	李鹏祥
	六合围村	2 000	权胜祥
	月圆村	2 000	周敏
	合益村、兴旺村	2 850	卢丹
措施服务区	高塘岭街道	19 378	李敦帅
	乌山街道	11 807	曹泽鹏
	铜官街道	19 727	莫竞瑜
	丁字湾街道	8 256	谢宗原
	靖港镇	53 448	马邦承
	乔口镇	23 630	张磊
	白箬铺镇	27 960	周妍
	茶亭镇	32 336	杨林
	桥驿镇	29 240	晏哲

(2) 组织调动各方积极性

由于耕地修复涉及面积大、农户数量多、工程量大和工期短，在修复过程中永清环保公司充分发挥各级地方组织及专业合作社的作用，提高农户主动参与的积极性。在实施过程中主要按以下三种模式（图 6-2）组织工程实施。

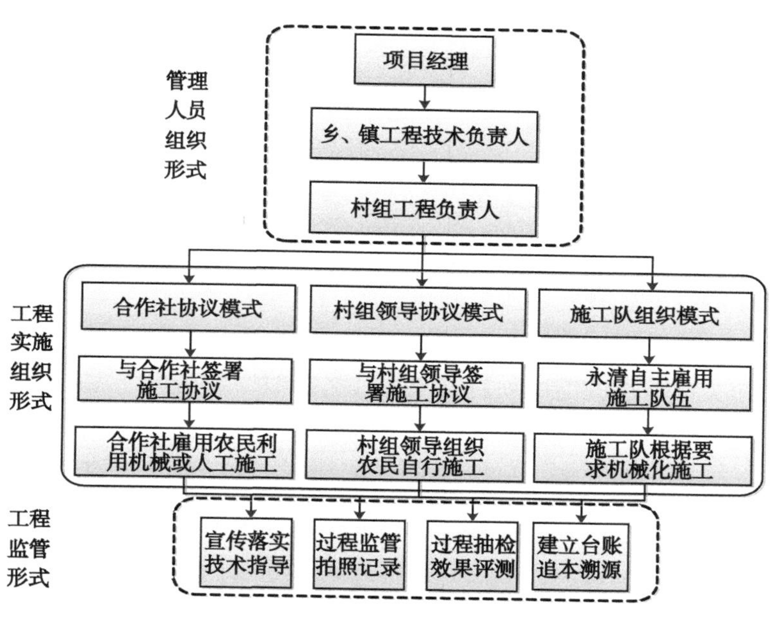

图 6-2　组织实施

一是委托合作社（大户）模式。这种模式效果最优，2016年大户实施模式占30%左右。由于大户以卖粮赚钱为目的，修复土地保证粮食安全的主动性高，而且大户具有机械化施工基础，容易接受修复的技术和措施。

二是村组组织模式。小规模农户以村组为单位，公司培训农户，确定实施周期和节点，实施过程中进行现场指导，并对实施效果进行评估，效果不好就现场整改，这种实施模式占60%左右。

三是施工队组织模式。设计人员是永清环保公司人员，临时雇用施工人员，设备或租或买，2016年这种模式占比不足10%。优点在于完全按照公司要求实施，但缺点是成本相对更高。

（3）强化内部管理

通过过程拍照、建立台账、现场抽检等手段强化全程管理。

三级联动、三级确认。乡镇负责工作调度和监管指导、村（项目点）负责跟踪检查、小组负责具体实施。各项措施实施情况需经三级共同核实、确认。

严格过程监管与控制。措施执行后、物资进场前及阶段性工作关键节点，均由项目点工作人员及时对物资、土壤或稻米进行取样检测，检查效果。

强化台账管理。严格规范物资收发、施用服务、资金使用等相关工作台账，确保真实性、完整性和可追溯性。

严格内部监理。成立技术措施落地监理团队，做到村村有人负责，组组有人对接，建立工作日志和各项技术措施落地监理台账。

3. 强化物资质量管控

物资购买方面政府财政审批周期长，如果由政府实施修复，资金到位较晚，不能够按农时供货。企业第三方治理，优点是可以先期垫付资金，保证供货方及时供货。

项目使用物资主要包括土壤调理剂、叶面阻控剂、生石灰以及绿肥种子。除生石灰在合同签订前已有望城区进行采购并撒施，1 万亩效果承包区的土壤调理剂和叶面阻控剂均为永清环保公司自主研发产品，其余物资均由永清环保公司通过招标方式确定，在措施实施前进场。

所有物资进场前，均按批次随机抽样，送至湖南华环检测技术有限公司进行各项理化指标的检测，所有物资或药剂的理化性质均达到合同所规定的质量指标。详细的物资抽查送检情况如表 6-2 所示。

表 6-2 物资抽查送检情况

<table>
<tr><th>项目分区</th><th colspan="2">物资</th><th>抽样方式</th><th>抽样方法</th><th>抽样量</th><th>质量标准</th><th>抽检结果</th></tr>
<tr><td rowspan="2">效果承包区</td><td colspan="2">土壤调理剂</td><td>按批次抽样</td><td>混合抽样</td><td>500g/份</td><td rowspan="9">满足合同物资质量指标要求。</td><td rowspan="9">抽检各批次均复核质量标准达标</td></tr>
<tr><td colspan="2">叶面阻控剂</td><td>按批次抽样</td><td>混合抽样</td><td>200ml/份</td></tr>
<tr><td rowspan="7">服务承包区</td><td colspan="2">生石灰</td><td></td><td></td><td></td></tr>
<tr><td rowspan="4">绿肥种子</td><td>紫云英</td><td rowspan="4">按批次抽样</td><td>混合抽样</td><td>500g/份</td></tr>
<tr><td>油菜</td><td>混合抽样</td><td>500g/份</td></tr>
<tr><td>萝卜</td><td>混合抽样</td><td>500g/份</td></tr>
<tr><td>根瘤菌</td><td>混合抽样</td><td>500ml/份</td></tr>
<tr><td rowspan="2">叶面阻控剂</td><td>归欣甲</td><td rowspan="2">按批次抽样</td><td>混合抽样</td><td>200g/份</td></tr>
<tr><td>戴乐@威旺</td><td>混合抽样</td><td>300ml/份</td></tr>
</table>

4. 强化监测风险管控

永清环保公司针对效果承包区按 150 亩的密度，设置监测点位 66 个，其中达标区 19 个、管控区 47 个，在关键措施实施后采取土壤样一次，在 7 月和 10 月分别对早、晚稻采集稻谷和一对一土壤样各一次，进行内部监测和风险评估。

自行开展灌溉水过程监管和水样采集分析，分别于有效分蘖初期（插秧后 10~12 天）和扬花期至灌浆初期（插秧后 50~55 天）采集灌溉水源水样和耕地水样进行水质分析（主要分析 pH 值和镉含量），对灌溉水风险进行监测。

另外，永清环保公司修复区设立 20 个大气沉降监测点，开展了为期半年的大气中重金属沉降量监测，取得了大气中重金属沉降量与监测点周边的早稻重金属含量的基础数据。大气沉降影响很大，每亩耕地带来沉降量在 2g 左右。

5. 强化宣传培训

项目实施过程中，根据合同要求和技术措施实施的工作需要，分项、分层共组织各岗位的人员开展技术培训 47 场次。同时，采取会议形式，从区政府→街镇→村组逐级开展耕地修复技术培训和修复项目实施动员大会，解读修复要点，以浅显易懂的方式说明各项技术措施的作用以及实施方式，保证每个修复环节按质按量实施到位。培训组织情况见表 6-3。

表 6-3　宣传培训情况

宣传培训	宣传培训内容	场次	覆盖范围	与会单位/人员
永清重金属污染耕地修复技术培训会	全面学习重金属污染耕地修复涉及的技术方案和实施方案，深入了解各项修复技术的实施要求和操作规范。	1	永清环保公司农田修复事业部、环境修复所	永清环保公司各级技术人员
望城区重金属污染耕地修复宣传培训会	望城区农林局对耕地修复工作进行总体布置，明确各级职责；项目总负责人详细说明各项技术措施，并对即将开展的工作进行布置。	2	望城区政府、望城区农林局、各街镇农技站	望城区农林局相关领导、各乡镇农业负责相关领导以及永清环保公司各级技术人员
乡镇重金属污染耕地修复宣传培训会	永清环保公司各乡镇负责人对乡镇重金属污染耕地修复工作具体实施任务做了全面介绍，各乡镇负责人对其所管辖区村委、各级负责人进行了详细布置。	13	效果承包区 7 个村组；措施承包区 9 个乡镇	望城区农林局相关领导、乡镇（街道）各级负责人、村委负责人以及永清环保公司各级技术人员
村组重金属污染耕地修复宣传培训会	永清环保公司各乡镇负责人就重金属污染耕地修复工作进行了总体说明，并对所实施的各项技术措施进行讲解说明。	30	项目实施区域涉及的各村组	村委负责人、各小组组长、本村种植大户和农户代表以及永清环保公司各级技术人员

（续表）

宣传培训	宣传培训内容	场次	覆盖范围	与会单位/人员
施工队伍技术宣传培训会	望城区农林局就深翻耕措施实施进行总体布置，项目总负责人详细说明深翻耕技术措施实施要求。	1	望城区各镇农机合作社、种植大户	望城区农林局相关领导、湖南环宇建设工程咨询监理有限责任公司、各街镇农机合作社、种植大户以及永清环保公司各级技术人员

望城区大胆引进耕地重金属第三方治理机制，取得了积极成效，实现了政府、企业和农民三方共赢。

第七章　农户对耕地重金属污染的认知与满意度评价

农户是耕地的直接使用者，是耕地重金属污染治理保护的真正主体。农户对耕地重金属污染的认知水平、修复治理意愿以及治理满意程度直接关系其对耕地重金属污染第三方治理的配合程度。如何调动农业生产者的参与积极性，提高重金属污染耕地修复治理的效率与效果，是推动重金属污染耕地修复治理的关键（刘扬等，2015）。

当前国内关于重金属污染耕地修复治理农户行为的文献还相对较少，汪霞等（2012）利用CVM测算了干旱区绿洲农田土壤重金属污染防治的生态补偿标准，发现农户的年平均受偿意愿在每亩746.45~862.73元，农户家庭人口、户均耕地面积以及农户受教育程度是显著影响因素。严俊等（2016）基于意愿调查法评估测算了广西环江县重金属污染地区农户的受偿意愿，发现农户的平均受偿意愿下限为12 630.75元/（hm^2·年），其参与意愿主要受到补偿标准、家庭耕地面积和耕地受污染程度的影响。李颖明等（2017）对湖南湘潭试点区农户对重金属污染耕地治理技术的采用特征及影响因素进行了分析，发现农户采用重金属污染耕地修复技术的主要推动力来自政府，种植业收入比重和耕地质量是影响农户种植结构调整的重要因素。但是，针对重金属污染耕地修复试点满意度与成效评价的文献很少，农户的认知与态度同试点实施的成效密切相关，本书试图通过在湖南省长株潭地区的农户实地调研，定量研究农户对耕地重金属污染治理的满意度评价及其影响因素，从而为进一步完善推进重金属污染耕地防控与修复提供决策参考。

一、数据来源、模型设定与变量定义

（一）数据来源

本书所用数据来源于 2017 年 9 月对湖南省长沙市、湘潭市和株洲市 3 市的望城区、长沙县、湘潭县、醴陵市和株洲县 5 个县市区下辖 8 个乡镇 9 个村庄的农户问卷调研。9 个村庄均为重金属污染耕地修复治理试点区。调研采取调研员与农户面对面、一对一交谈的方式进行，共发放调查问卷 212 份，剔除非试点区农户和填写不完整的，共回收有效问卷 181 份，问卷有效率 85.38%。其中，湘潭市 19 份、长沙市 98 份、株洲市 64 份。同时，为全面了解试点情况，调研组还对每个乡镇村庄的农业行政部门有关人员、第三方治理企业相关负责人进行了深入访谈。

样本具有以下特征（表 7-1）：一是老龄化特征凸显。调查样本的平均年龄为 51 岁，其中，50 岁以上受访农户占比 54.7%，56~65 岁和 65 岁以上的占比分别为 21.1%和 7.8%。二是受教育程度普遍偏低。调查样本的平均受教育年限为 8.1 年，其中，受教育年限在 6 年及以下（小学及以下）的占比 29.3%，受教育年限为 7~9 年（初中）的占比 54.1%，受教育年限为 10 年及以上（高中及以上）的仅占比 16.7%。三是家庭人口规模适中。样本家庭规模分布最多的 4~6 人，占比 69.6%，平均农户家庭人口数为 4.5 人，略高于 2016 年湖南省平均家庭户规模 3.24 人。此外，样本农户的平均家庭实际耕地面积为 87 亩，但超过 70%的受访农户实际耕地面积在 10 亩及以下，有超过 16%的受访农户耕地规模在 100 亩以上，样本农户的农业种植作物以水稻为主。

表 7-1　样本的基本特征

指标	选项	样本数	比例（%）	指标	选项	样本数	比例（%）
性别	男	166	91.71	年龄	15~35 岁	16	8.84
	女	15	8.29		36~45 岁	33	18.23
受教育程度	0~6 年	53	29.28		46~55 岁	78	43.09
	7~9 年	98	54.14		56~65 岁	40	22.10
	10 年以上	30	16.57		65 岁以上	14	7.73
家庭人口数	1~3 人	39	21.55	耕地面积	0~5 亩	64	35.36
	4~6 人	126	69.61		6~10 亩	68	37.57
	6 人以上	16	8.84		11~99 亩	20	11.05
					100 亩及以上	29	16.02

（二）模型设定

本书基于农户视角研究农户对耕地重金属污染治理的满意度评价，并通过构建计量经济学模型实证分析影响农户满意度的主要因素。农户对耕地重金属污染治理的满意度是指“一对一”问卷调查时向农户询问对当前当地开展的耕地重金属污染治理试点的满意度评价。按照程度不同，分为“不满意”“一般满意”和“比较满意”三种情况，为有序变量，故文中采用多元有序 Logistic 模型进行分析。该模型形式为：

$$y = \alpha + \beta X \tag{1}$$

$$y_i = \ln\left(\frac{Pr(z \geqslant \omega_i)}{Pr(z < \omega_i)}\right) \tag{2}$$

（1）式中，y 是一个 m × 1 的 logits 向量，分别由（2）式给出。每个 logit 都可被定义为类别 z 大于或等于 ω_i 值概率与类别 z 小于 ω_i 的比值的对数。在式（1）中 α 是一个 m × 1 的截距向量，X 是 n 个解释变量向量，β 是估计回归系数的 m × n 矩阵。每个类别的边际概率（Pr）都将分别由 m+1 个下列结构的方程式组合给出。

$$Pr(z < \omega_1) = 1 - Pr(z \geq \omega_1) = 1 - F(\alpha_1 - \sum_{i=1}^{n} \beta_{1i} x_i) \quad (3)$$

$$\begin{aligned} Pr(\omega_j \leq z \leq \omega_{j+1}) &= Pr(z \geq \omega_j) - Pr(z \geq \omega_{j+1}) \\ &= F(\alpha_j - \sum_{i=1}^{n} \beta_{ji} x_i) - F(\alpha_{j+1} - \sum_{i=1}^{n} \beta_{(j+1)i} x_i) \end{aligned} \quad (4)$$

$$Pr(z \geq \omega_m) = F(\alpha_m - \sum_{i=1}^{n} \beta_{mi} x_i) \quad (5)$$

其中，（3）式和（5）式分别是用来计算每个最低和最高的极端类别的概率，式（4）用来计算 j 在 1 和 $m-1$ 间取值时的中间类别，在所有的方程式中 F 是 Logistic 累积密度函数。

（三）变量定义

借鉴李颖明等（2017）、汪霞等（2012）以及严峻等（2016）学者的相关研究，结合耕地重金属污染治理的实际情况，将影响农户满意度的因素分为农户个人特征、家庭特征、农业经营特征以及主观认知变量四个方面，具体变量定义与描述性统计如表 7-2 所示。

表 7-2　变量定义与描述统计

变量名称		变量定义与赋值	均值	标准差
因变量	满意度评价	不满意=1；一般满意=2；比较满意=3	2.13	0.715
个人特征	年龄	15~35 岁=1；36~45 岁=2；46~55 岁=3；56~65 岁=4；65 岁以上=5	3.02	1.035
	受教育程度	0~6 年（小学）=1；7~9 年（初中）=2；10 年以上（高中及以上）=3	1.87	0.667

（续表）

变量名称		变量定义与赋值	均值	标准差
家庭特征	家庭人口规模	家中常住人口数量（人）	4.51	1.519
	种植业收入占比	0～25%＝1；26%～50%＝2；51%～75%＝3；76%～100%＝4	1.85	1.128
经营特征	耕种规模	实际耕种亩数（亩）	87.20	291.173
主观认知变量	对耕地重金属污染的了解程度	完全不了解＝1；了解一些＝2；了解＝3；比较了解＝4；非常了解＝5	2.67	1.211
	耕地重金属污染对农业生产的影响认知	无影响＝1；影响较小＝2；有影响＝3；影响较大＝4；影响很大＝5	2.50	1.306
	耕地重金属污染对居民身体健康危害的认知	无影响＝1；影响较小＝2；有影响＝3；影响较大＝4；影响很大＝5	3.21	1.441
	对低镉水稻品种的认知水平	完全不了解＝1；知道一些＝2；非常了解＝3	1.63	0.559
	专业技术人员的指导是否及时到位	是＝1；否＝0	0.85	0.357
	耕地重金属污染治理开展的技术培训	每年技术培训次数（次/年）	2.403	2.193

二、农户对耕地重金属污染的认知分析

（一）农户对耕地重金属污染的认知

农户对耕地重金属污染的认知如表7-3所示，56.35%的受访农户对耕地重金属污染完全不了解或仅了解一些，仅有24.83%的受访农户表示比较了解或完全了解；在耕地重金属污染对农业生产的影响认知方面，仅有20.99%的受访农户表示影响较大或影响很大，近一半的受访农户表示无影响或影响较小；在耕地重金属污染对居民身体健康危害的认知方面，仍有32.04%的受访农户表示耕地重金属污染对居民身

体健康无影响或影响较小。这说明当前农户对耕地重金属污染的主观认知相对较低，对其可能造成的危害尚处于一知半解状态，可能会对耕地重金属污染修复治理工作的开展造成一定程度影响。

表 7-3　农户对耕地重金属污染的认知

指标	选项	样本数	比例（%）
农户对耕地重金属污染的了解程度	完全不了解	24	13.26
	了解一些	78	43.09
	了解	33	18.23
	比较了解	25	13.81
	非常了解	21	11.60
耕地重金属污染对农业生产的影响认知	无影响	57	31.49
	影响较小	33	18.23
	有影响	53	29.28
	影响较大	20	11.05
	影响很大	18	9.94
耕地重金属污染对居民身体健康危害的认知	无影响	30	16.57
	影响较小	28	15.47
	有影响	51	28.18
	影响较大	18	9.94
	影响很大	54	29.83

（二）农户对耕地重金属污染治理的认知

在耕地重金属污染是否应该治理方面，超过八成的被调查农户认为应该治理（表 7-4），仅有 3.87%的被调查农户认为没有必要治理。但对于耕地重金属污染的修复治理措施，仅有 17.68%的被调查农户非常了解，超过七成的被调查农户表示知道一些，例如撒生石灰；而对低镉水稻品种、淹水管理等修复治理措施的认知程度不高，仅有3.87%的被调查农户非常了解低镉水稻品种。

表7-4　农户对耕地重金属污染治理的认知

指标	选项	样本数	比例（%）
您认为耕地重金属污染是否应该治理？	没有必要	7	3.87
	无所谓	18	9.94
	应该治理	156	86.19
您对耕地重金属污染修复治理措施的了解程度？	完全不了解	20	11.05
	知道一些	129	71.27
	非常了解	32	17.68
您对低镉水稻品种的了解程度？	完全不了解	74	40.88
	知道一些	100	55.25
	非常了解	7	3.87

（三）农户对耕地重金属污染第三方治理的认知

在对耕地重金属污染第三方治理的了解程度方面，有26.1%的被调查农户表示完全不了解，50.8%的被调查农户表示仅了解一些，只有16%的被调查农户比较了解或非常了解，如图7-1所示。这表明绝大部分农户都对耕地重金属污染第三方治理认知水平较低，可能的原因是耕地重金属污染第三方治理2016年仅在长沙市望城区试点开展，所以农户对其了解程度较低。而2017年长株潭耕地重金属污染第三方治理试点大规模开展，故本次调查中有64.7%的被调查农户参加了2017年耕地重金属污染第三方治理试点。在治理过程中，有75%的被调查农户表示耕地重金属污染治理试点承担单位就耕地重金属污染治理进行过宣传，且 88.7%的被调查农户表示试点承担单位所采取的各项修复治理措施的到位率在 70%以上。

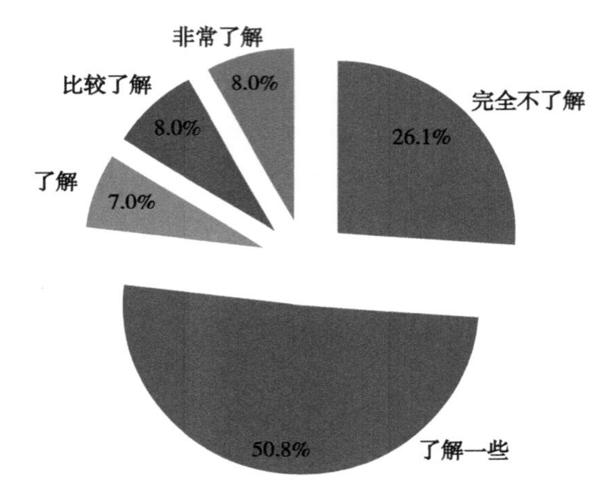

图 7-1　农户对耕地重金属污染第三方治理的了解程度

三、农户对耕地重金属污染修复治理的满意度分析

通过调查农户对耕地重金属污染修复治理的满意程度，结果显示，超过 86.21%的被调查农户表示对当前各试点承担单位负责开展的耕地重金属污染修复治理比较满意或非常满意，仅有 6%的被调查农户表示非常不满意或比较不满意。当被问及不满意的原因时，被调查农户表示主要是因为技术措施的实施效果不好以及信息不通畅等。而在向被调查农户询问“同政府承包治理相比，第三方承包治理的效果如何时?”，60.43%的被调查农户表示第三方承包治理的效果更好，也有 33.8%的被调查农户认为第三方承包治理与政府承包治理的效果一样，同时还有 5.76%的被调查农户认为同政府承包治理相比，第三

方承包治理的效果更差，具体如图 7-2 所示。

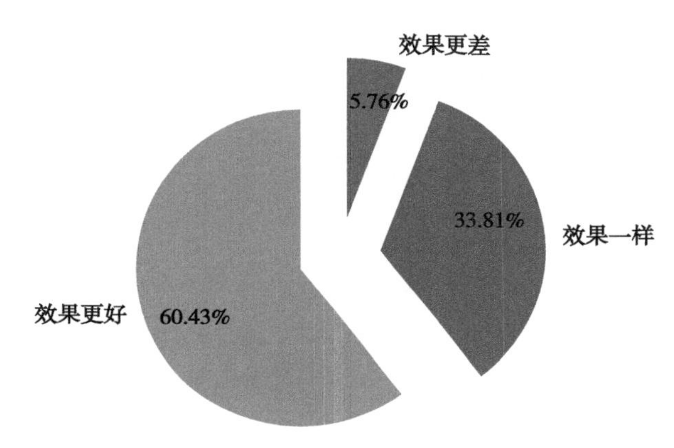

图 7-2　同政府承包治理相比，第三方承包治理的效果

本书采用 STATA15. 0 统计软件对上述多元有序 Logistic 模型进行回归分析。从表 7-5 模型估计的结果来看，模型总体拟合效果较好。模型的估计结果表明，农户年龄、耕种规模、对耕地重金属污染的了解程度、对低镉水稻品种的了解程度以及专业技术人员的指导是否及时到位是影响农户耕地重金属污染治理满意度的主要因素。具体分析如下。

表 7-5　模型估计结果

变量名称		回归系数	标准误	Z 值
个人特征	年龄	0. 615***	0. 180	3. 42
	受教育程度	-0. 282	0. 277	-1. 02
家庭特征	家庭人口规模	0. 130	0. 102	1. 27
	种植业收入占比	-0. 130	0. 151	-0. 86
经营特征	耕种规模	0. 001*	0. 001	1. 72

（续表）

变量名称		回归系数	标准误	Z 值
主观认知变量	对耕地重金属污染的了解程度	0.541***	0.164	3.3
	耕地重金属污染对农业生产的影响认知	−0.138	0.152	−0.9
	耕地重金属污染对居民身体健康危害的认知	0.162	0.137	1.18
	对低镉水稻品种的认知水平	−0.524*	0.312	−1.68
	专业技术人员的指导是否及时到位	1.829***	0.496	3.69
	耕地重金属污染治理开展的技术培训	0.098	0.077	1.26
似然比值	56.86	伪 R^2	0.1510	
P 值	0.0000	对数似然函数值	−159.842	

注：***、** 和 * 分别表示在 1%、5%和 10%的统计水平上显著。

1. 农户个人特征的影响

农户的年龄在 1%的统计水平上显著正向影响其对耕地重金属污染修复治理的满意度评价，说明年龄越大的农户对耕地重金属污染治理的满意度评价越高。这可能是因为年龄大的农户对耕地的依赖程度较高，通过治理可有效降低重金属污染风险，因而满意度评价较高。受教育程度对农户耕地重金属污染治理的满意度评价影响不显著。

2. 农户家庭特征的影响

家庭人口规模、种植业收入占比对农户耕地重金属污染修复治理的满意度评价均没有显著影响，这可能是因为耕地重金属污染修复治理主要采取 VIP 措施，对水稻生产的影响相对较小，且基本不会额外增加劳动投入和生产资料投入，因而农户的家庭人口规模以及种植业收入占比对其耕地重金属污染治理的满意度评价的影响均不显著。

3. 农业经营特征的影响

农户的水稻实际耕种规模在10%的统计水平上显著影响其对耕地重金属污染治理的满意度评价。这说明耕地规模越大的农户对耕地重金属污染治理的满意度评价越高。这可能是因为耕地规模越大的农户，对稻米质量的重视程度越高，从而对耕地重金属污染治理的满意度评价相对较高。在问卷调查时也有水稻种植大户反映，开展耕地重金属污染治理后，其稻米质量获得了周边居民的信任，稻米价格提升，收入增加，与模型回归结果一致。

4. 主观认知变量的影响

农户对耕地重金属污染的了解程度在1%的统计水平上显著正向影响其对耕地重金属污染治理的满意度评价，即农户对耕地重金属污染越了解，对耕地重金属污染治理的满意度评价越高。农户对低镉水稻品种的了解程度在10%的统计水平上显著负向影响农户对耕地重金属污染治理的满意度评价，即对低镉水稻品种的认知水平越高，对耕地重金属污染治理的满意度评价越低。原因可能是因为农户对镉低积累水稻品种的信任度相对较低，实地调研中部分农户就表示VIP修复治理关键在于土壤pH值调节和水分管理，镉低积累水稻品种的作用程度不大。治理过程中专业技术人员的指导是否及时到位在1%的统计水平上显著正向影响农户对耕地重金属污染治理的满意度评价，说明治理过程中有专业技术人员及时到位的指导有利于耕地重金属污染治理措施能够安全的实施落地，防止可能由于撒生石灰、田间水分管理等措施实施不到位而导致的治理效果不佳等，故农户的满意度评价较高。农户对耕地重金属污染对农业生产的影响认知以及耕地重金属污染治理开展的技术培训对农户耕地重金属污染治理的满意度评价影响均不显著。

四、结果与讨论

本书利用湖南省长株潭3市5县的农户调查数据，采用多元有序 Logistic 模型对农户耕地重金属污染治理的认知及其满意度评价进行了实证分析。得出以下结论。

（1）农户对耕地重金属污染的认知水平相对较低。农户对耕地重金属污染的了解程度均值为2.67，介于了解一些和了解之间，超过50%的受访农户表示完全不了解或仅了解一些。

（2）农户对耕地重金属污染治理的满意度评价相对较高。农户对耕地重金属污染治理的满意度评价均值为2.13，近八成的受访农户表示满意或比较满意。

（3）农户对耕地重金属污染的主观认知会影响其满意度评价，其中对耕地重金属污染的了解程度越高，其对治理的满意度评价越高，而对镉低积累水稻品种的了解越高，对治理的满意度评价越低。

（4）农户的年龄、家庭耕地实际种植规模以及耕地重金属污染治理过程中专业技术人员的指导是否及时到位均对其满意度评价有显著正向影响，即耕种规模越大的农户对治理的满意度评价越高，治理过程中专业技术人员的指导能及时到位也会提升农户的满意度评价。

上述研究发现，尽管受访农户对耕地重金属污染相关知识的认知水平普遍较低，甚至有农户对 VIP 治理措施表示不能接受，除对镉低积累水稻品种的信任度不高外，部分农户还表示当前的优化水分管理中的水稻生长后期淹水技术与传统水稻生产栽培方式不符，会造成水稻倒伏、收割机无法下田等问题；但农户对耕地重金属污染治理的满意度评价相对较高，仅有

19.89%的受访农户对当前开展的耕地重金属污染治理表示不满意，32.60%的受访农户表示很满意。造成该现象的原因可能是由于2013年镉大米风波严重影响了湖南省水稻的市场销售，部分水稻种植户稻谷无销路，而实施耕地重金属污染治理试点后，有效恢复了湖南省水稻品质信誉，使得部分稻农对于政府开展治理试点满意度评价较高。另外，湖南省耕地重金属污染治理主要以政府行政推进模式为主，由政府部门组织专家制定修复治理措施方案，并通过行政分级推进，具体由基层政府实施，受限于政府部门人员少、工作任务重以及农户小而散等原因，针对农户的技术培训和宣传往往不到位，这一点在实际调研中通过与第三方治理的对比也得到了体现，也通过实证分析结果证实专业技术人员指导的及时到位有利于提高农户满意度。但由于当前第三方治理模式尚处于起步阶段，所占比重仍较低，今后将进一步比较分析政府行政推进模式和第三方治理模式的满意度评价，从而有利于理顺机制提升耕地重金属污染治理效果。

第八章　结论与建议

我国耕地重金属污染形势严峻，加大耕地重金属污染治理力度，国家必须加大投入，创新第三方治理机制，加快推进产业化、市场化和专业化。

从研究来看，第三方治理模式在农业环境污染治理领域应用尚处于起步阶段，远远落后于工业环境污染领域第三方治理。我国在环境污染领域已经进行了第三方治理模式的探索，服务内容主要集中在工业园区污水、生活污水、生活垃圾、餐厨垃圾、工业固体废弃物等方面。农业环境领域第三方治理起步较晚，前期主要在农村生活污水方面开展了探索。随着农业环境领域污染问题日益突出，近年来国家逐渐重视农业环境领域第三方治理的探索。

湖南省引入第三方治理耕地重金属在全国尚属首次，从调研地方政府、第三方治理企业、参与第三方治理的农户来看，湖南长株潭地区通过推行耕地重金属污染第三方治理，市场作用和政府作用都得到充分发挥，实现了“政府工作顺畅、企业效益良好、治理效果明显、干部群众满意”的多重优化目标。从政府看，引进耕地重金属污染第三方治理，不做运动员，当好裁判员，重点负责顶层设计、组织协调、监管考核，从繁杂的具体事务中解放了出来，大大提高了工作效率。从企业看，公平公正的参与招投标，发挥团队、技术和组织优势，制订详细治理方案，直接采购物资，简化程序，大大提高了参与治理的积极性。从农民看，对大多农户来说，青壮年劳动力严重缺乏，老人和妇女很难落实措施到位，还时有发生撒施生石灰受伤的情况，引进第三方治理后，专业公司上门下田指导农民措施落地，农户只需做好配合即可，土壤性状和稻米品质改善明显，大部分农户表示支持和认可。

但由于耕地重金属污染点多面广，缺乏法律制度保障、成熟的实践经验、修复治理工作复杂且难度大等原因，推行耕地重金属第三方治理也存在着一些困难和问题，亟须解决。

一、推进耕地保护和重金属污染治理的建议

1. 建立耕地保护和投入机制

建立农业投入品重金属降低的激励机制、工业源污染物减控倒逼机制、耕地生态补偿机制、耕地质量保护激励机制。充分利用市场机制，进行耕地重金属第三方试点工作。中央财政和各级政府完善耕地保护和重金属污染综合治理的长效机制，切实保障耕地环境保护和污染治理资金。

2. 实施耕地与农产品重金属污染加密调查

针对耕地重金属污染家底不清的问题，在全国农产品产地土壤重金属污染普查基础上，结合第二次全国污染源普查，进一步开展耕地重金属污染加密调查，同时在部分省份农作物与土壤的协同监测基础上，进一步加大协同监测覆盖范围和密度，同步开展土壤与农产品的风险评估，建立土壤—作物重金属污染关系，彻底摸清我国耕地土壤和农产品中重金属的污染分布及超标情况，为开展产地安全分级管理、农田土壤重金属污染修复、种植结构调整及指导农业安全生产提供科学依据。要将耕地重金属污染监测纳入国家环境质量监测网络建设，推进耕地重金属污染普查和监测预警的长效机制，及时掌握我国耕地重金属污染动态变化。

3. 加大耕地重金属污染修复治理力度

及时总结湖南耕地重金属污染治理修复示范项目成效，进一步探索实用的耕地修复技术和模式。落实好《农业可持续发展规划》和《农业突出环境问题治理总体规划》，因地制宜创

设一批耕地重金属污染修复工程。在轻中度污染区域实施农艺措施为主的修复技术，采取源头控制、低积累作物品种替换、农艺综合调控、各类相对成熟修复技术应用等措施开展修复，边生产、边治理；在少数中、重度污染区开展农艺措施修复治理的同时，建立种植结构调整试点，通过品种替代、粮食作物调整、粮油作物调整和改种非食用经济作物等方式因地制宜调整种植结构，有序推进耕地的休养生息，实现农产品安全生产和耕地环境质量的稳步改善。

4. 加强耕地质量建设

由于长期重化肥、轻有机肥，目前我国耕地中的有机质含量严重下降。研究表明，耕地有机质含量的大幅下降，可导致对土壤中有机质结合态重金属含量严重减少，造成了重金属活性的释放。加之我国南方地区酸雨普遍，导致耕地酸化严重，研究表明土壤 pH 值每下降一个单位值，土壤中重金属活性就会增加 10 倍，加剧了耕地重金属污染负荷。要鼓励增施有机肥，种植绿肥，开展保护性耕种和实施农作物秸秆还田，大力推进耕地质量提升，逐步降低化肥使用量，提升耕地有机质含量，同时控制耕地酸化，提高土壤 pH 值，降低耕地重金属活性，增加耕地自身对重金属的承载能力，有效缓解重金属对农作物的危害。

5. 建立完善耕地重金属污染防治政策体系

国家要大力创设扶持政策，形成耕地重金属污染防治的稳定资金渠道。要继续推动落实金融、税收等激励政策，完善投融资体制，拓宽市场准入，鼓励吸引社会资本参与耕地重金属污染治理与修复，探索推进政府和社会资本合作（PPP）模式的应用，培育农业环境污染第三方治理。建立健全以技术补贴和绿色农业经济核算体系为核心的农业补贴制度和生态补偿制度，对生态友好型、资源节约型的清洁生产技术以及绿色生产资料等研发和推广应用进行补偿、激励，加强新型经营主体培训，提高其运用清洁生产技术、保护耕地资源的积极性、主动性和有效性。

6. 加强耕地修复治理的科技支撑

一方面，要加强现有的耕地重金属污染治理修复新技术、新产品及新装备的评估验证，筛选出一批可推广、可复制的经济实用的技术措施和修复模式。另一方面，要加大科技研发力度。近期，重点针对镉大米问题，开展低积累水稻品种筛选与推广、农田土壤镉生物活性钝化剂研制与应用、污染农田安全利用技术（包括钝化剂、阻控剂、水肥调理、农艺措施等）集成与示范等工作，制定稻米安全生产技术规范，使中轻度污染稻田生产的大米镉含量达标。远期，重点开展耕地质量建设与保护和产地土壤主要重金属污染控制技术、消减技术、修复治理技术等科技攻关，建立完善我国耕地重金属污染防控和治理技术支撑体系。

二、推进耕地重金属污染第三方治理的建议

建议全面贯彻落实十九大关于加强环境突出问题治理的要求，在总结湖南省耕地重金属污染第三方治理实践经验的基础上，进一步优化完善试点机制，在轻度和中度重金属污染耕地治理区域推行第三方治理，重点围绕“创新机制、政策扶持、平台支撑、加强宣传”等几个方面，总结在全国可借鉴、可复制、可推广的经验和模式，加快推进我国耕地重金属污染第三方治理，为创新农业绿色发展机制提供经验借鉴。

1. 加强顶层制度设计

建议研究出台《我国耕地重金属污染第三方治理实施指导意见》，明确耕地重金属污染第三方治理的指导思想、基本原则、治理模式、组织管理和保障措施等，构建第三方治理的市场准入与退出机制，建立第三方治理企业信用评价制度，规范第三方治理的招投标、合同签订、责任界定，加强第三方监理和评价，培育第三方治理市场，为第三方治理提供制度保障。

2. 强化中央财政资金的连续支持

对于湖南长株潭地区耕地重金属污染治理试点，党中央、国务院有明确要求。《国务院关于印发土壤污染防治行动计划的通知》（国发〔2016〕31 号）中明确要求“继续在湖南长株潭地区开展重金属污染耕地修复及农作物种植结构调整试点，实行耕地轮作休耕制度试点。”《国务院关于编制 2017 年中央预算和地方预算的通知》（国发〔2016〕66 号）在“（二）完善财政支农政策，促进农业可持续发展”中明确提出“继续支持重金属污染耕地修复、农作物种植结构调整工作”，“加大对休耕和耕地质量提升的投入”。2017 年中央一号文件进一步明确要求“开展土壤污染状况详查，深入实施土壤污染防治行动计划，继续开展重金属污染耕地修复及种植结构调整试点。”为进一步巩固深化治理工作，建议长株潭重金属污染耕地修复试点工作再延续，国家加大中央财政支持政策和投入力度。

3. 进一步加大政策扶持力度

建议中央财政进一步加大对全国耕地重金属污染治理资金投入，并相应增加第三方治理的资金补助比例。允许耕地重金属污染第三方治理企业，享受国家《土壤污染防治行动计划》

《关于推行环境污染第三方治理的意见》等文件中的相关政策，通过资产租赁、转让产权、资产证券化等方式盘活存量资产，通过上市融资、发行企业债券等方式募集资金。对第三方治理重点企业在贷款额度、贷款利率、还贷条件等方面给予优惠。鼓励保险公司开展相关保险产品，引导第三方治理企业投保。在税收优惠、差别电价、水价等方面也出台相应的扶持措施。

4. 打造第三方治理支撑平台

一是强化参与平台，便于更多的企业、科研单位和新型经营主体公平参与第三方治理，完善招投标、第三方评估和监理机制。二是搭建联合攻关平台，促进科研院所和企业联合开展技术攻关，研发出既与农作制度和农民种植习惯相适应，又能有效降低重金属含量、提高农作物品质的适用技术和产品。完善配套技术标准，促使治理规范化和标准化。三是建设开放展示平台，加强国际合作交流，引进国外先进技术，集中展示新技术新产品，加快科研成果的转化应用。四是搭建第三方企业资质标准平台，严格第三方治理的企业和工程施工机构的资质标准，要求企业具备相应的技术实力和工程管理能力，规避“一放就乱”的治理乱象，消除实施和监管隐患。五是搭建数据采集和监测网络平台，政府和第三方治理企业共同参与数据采集、监测网络建立，规范土壤、稻谷和治理数据的取样抽样、告知、报送规范，搭建数据分享平台，实现数据采集和共享，促进第三方治理实现数据化、网络化、智能化，为评估、评价考核及时提供支撑。

5. 分级持续治理提高治理效果

根据耕地重金属污染程度实现分级第三方治理，即：中度污染区实行效果承包治理，轻度污染区实行服务措施承包治理，适当提高服务措施承包价格，并实行分年价格逐年递减的付款方式，既解决了第三方治理企业投入和成本矛盾，又可倒逼企业优化管控，降低成本。耕地污染积重难返，修复治理是一项长期艰巨的任务。但修复治理过程中措施不连续、执行反复调整、工程数据无法逐年积累、均可能导致前期工作失效。短期治理，也容易导致短期行为，影响参与企业购置治理机械、监测仪器仪表、开展污染连续监测和管理升级的尝试。为保持治理区域、治理主体、治理路线、治理责任的连续性，要开展连续治理，并以3~5年为一个周期签订第三方治理合同。企业可以根据自己的技术和检测来决定治理措施和方案，不影响农时，利于控制成本，责任心更强，有利于提高治理效果。

6. 总结推广试点经验加强宣传引导

对湖南耕地重金属污染第三方治理的组织管理、治理技术、实际效果等进行分析提炼，总结推广试点经验，形成一批可复制、可推广的治理模式，多途径多形式进行宣传试点探索的好做法、好经验，促进耕地重金属污染第三方治理在全国稳步有序开展。宣传耕地重金属污染第三方治理的重要性和必要性，积极营造政府引导下的农民自觉和社会参与的良好氛围，进一步提高企业、专业服务组织、农民群众和新型农业经营主体参与修复治理的积极性，鼓励引导工商资本进入耕地重金属污染第三方治理领域。建立耕地重金属污染第三方治理的新闻发布制度，适时公开耕地重金属污染、修复治理、企业信用和农产品生产等信息，及时回应社会关切。同时，规范媒体对耕地重金属污染治理的报道，引导各级各部门、社会舆论正面关注耕地重金属污染治理问题，消除不切实际的负面舆论的影响。

参考文献

常杪，杨亮，王世汶 .2014. 环境污染第三方治理的应用与面临的挑战［J］. 环境保护（20）：20-22.

陈偲 .2016. 化肥施用技术与政策的国际对比［J］. 南方农业，10（9）：76-78 .

崔斌，王凌，张国印，等 .2012. 土壤重金属污染现状与危害及修复技术研究进展［J］. 安徽农业科学，40（1）：373-375，447.

董嘉明，范玲，吴洁珍，等 .2016. 政府在推进环境污染第三方治理中的作用研究 . 环境与可持续发展（2）：27-31.

高锦卿 .2013. 土壤重金属污染及防治措施［J］. 现代农业科技（1）：220，225.

葛察忠，程翠云，董战峰 .2014. 环境污染第三方治理问题及发展思路探析［J］. 环境保护（20）：28-30.

国家环境保护总局 .2001. 2000 年中国环境状况公报［J］. 环境保护（7）：3-9.

国土资源部中国地质调查局 . 中国耕地地球化学调查报告（2015 年）［EB/OL］. https：//wenku. baidu. com/view/ebe8b8660975f46526d3e10d. html.

环境保护部和国土资源部发布全国土壤污染状况调查公报［J］. 资源与人居环境，2014，（4）：26-27.

黄宝田 .2012. 浅谈我国农业用地土壤污染分析［J］. 学周刊，3（8）：200.

贾卫娜 .2014. 第三方治理在环保问题中的作用［J］. 企业导报（11）：22-24.

金书秦，等 .2013. 论农业面源污染的产生和应对［J］. 农业经济问题（11）：97-102.

李宏薇，尚二萍，张红旗，等 . 2018. 耕地土壤重金属污染时空变异对比——以黄淮海平原和长江中游及江淮地区为例 [J]. 中国环境科学，38（9）：3464–3473.
李慧 . 2011. 构建经济激励机制及服务体系解决农业面源污染问题 [D]. 上海：复旦大学环境科学与工程系.
李淼，彭久源，冉倩婷 . 2015. 四川首个农业 PPP 项目畜禽粪污综合利用试点成效显著 [EB/OL]. http://www.sc.gov.cn/10462/11857/13305/13370/2015/9/15/10352445.shtml.
李响 . 2008. 论我国土壤污染防治的法律体系建设 [J]. 内蒙古民族大学学报，14（4）：153–155.
李颖明，王旭，郝亮，等 . 2017. 重金属污染耕地治理技术：农户采用特征及影响因素分析 [J]. 中国农村经济（1）：58–67.
刘卫柏，万婷婷，王亚华 . 2016. 湖南省长株潭地区重金属污染耕地治理的调查与建议 . 清华大学“三农”决策要参（175），2016–12–20.
刘雪，傅泽田 . 2000. 我国农业生产的污染外部性及对策 [J]. 中国农业大学学报（社会科学版）（3）：42–45.
刘扬，李颖明，姜鲁光，等 . 2015. 农业种植结构调整补偿政策研究——基于湘潭市农户问卷调查及种植结构调整试点调研 [J]. 中国农学通报，31（32）：273–278.
路子显 . 2011. 粮食重金属污染对粮食安全、人体健康的影响 [J]. 粮食科技与经济，36（4）：14–17.
骆建华 . 2014. 环境污染第三方治理的发展及完善建议 [J]. 环境保护（20）：16–19.
闵继胜，孔祥智 . 2016. 我国农业面源污染问题的研究进展［J］. 华中农业大学学报（社会科学版）（2）：59-66，136 .

农业部新闻办公室 . 2015. 农业面源污染防治打响攻坚战［EB/OL］. http：//news. xinhuanet. com/politics/2015 -12/04/c_ 128500192. htm.

任维彤，王一 . 2014. 日本环境污染第三方治理的经验与启示［J］. 环境保护（20）：34-38.

宋伟，陈百明，刘琳 . 2013. 中国耕地土壤重金属污染概况［J］. 水土保持研究，20（2）：293-298.

隋易橦 . 2018. 中国耕地重金属污染防治法制研究［D］. 西安：西北农林科技大学.

孙炜琳，王瑞波，黄圣男，等 . 2017. 供给侧结构性改革视角下的农业可持续发展评价研究［J］. 中国农业资源与区划，38（8）：1-7.

汤红娜，甄亚丽 . 2012. 发达国家农业面源污染防治的经验［J］. 新农村（12）：34，56.

汪霞，南忠仁，郭奇，等 . 2012. 干旱区绿洲农田土壤污染生态补偿标准测算——以白银、金昌市郊农业区为例［J］. 干旱区资源与环境，26（12）：46-52.

王波，王夏晖 . 2015. 创新投资运营机制培育农村环境治理市场主体［J］. 环境与可持续发展，40（6）：36-38.

王静，林春野，陈瑜琦，等 . 2012. 中国村镇耕地污染现状、原因及对策分析［J］. 中国土地科学，26（2）：25-30，43.

王令，王文杰，高振记，等 . 2013. 农业面源污染防治的经济学手段研究综述［J］. 环境与可持续发展（3）：57-59.

王奇，王会，陈海丹，等 . 2011. 工业点源-农业面源排污权交易的机制创新研究［J］. 生态经济（7）：29-32.

王瑞波，孙炜琳，黄圣男，等 . 2017. 基于农业供给侧结构性改革的农业面源污染防治法律研究［J］. 中国农业资源与区划，38（6）：7-12.

王衍亮 . 2015. 打好农业面源污染防治攻坚战促进农业可持续发展［EB/OL］. http：//www. gov. cn/zhengce/2015-08/18/content_ 2914857. htm.

王有强，董红 . 2017. 我国农地土壤污染防治立法探析［J］. 西北农林科技大学学报（社会科学版），17（1）：150-154.

魏洪斌，罗明，鞠正山，吴克宁 . 2018. 重金属污染农用地风险分区与管控研究［J］. 中国农业资源与区划，39（2）：82-87.

严俊，张学洪，蒋敏敏，等 . 2016. 耕地重金属污染治理生态补偿标准条件估值法研究——以广西大环江流域为例［J］. 生态与农村环境学报，32（4）：577-581.

佚名 . 2015-11-12. 浅析各地兴起的第三方治理模式［EB/OL］. http：//www. 086. org. cn/34/165062. html.

佚名 . 2015. 南平养殖污染治理引进第三方 养猪零排放猪照养水变清［EB/OL］. http：//fj. people. com. cn/n/2015/0817/c181466-26008225. html.

佚名 . 2016. 典型流域农业面源污染综合治理试点项目建设［EB/OL］. http：//im. ahys. gov. cn/yszf/article/201605/239602. html.

张光岳，张红，王益谦 . 2014. 潍坊市农业源排污权交易体系研究［J］. 环境科学与管理，39（10）：24-28.

张亚男 . 2018. 农用地土壤重金属污染防治与管控研究 [D]. 北京：中国地质大学公共管理学院.

郑顺安，黄宏坤 . 2017. 耕地重金属污染防治管理理论与实践 [M]. 北京：中国环境出版社.

中共中央国务院 . 2015. 生态文明体制改革总体方案 [EB/OL]. http：//politics. people. com. cn/n/2015/0922/c1001-27616151. html.

周五七 . 2017. 中国环境污染第三方治理形成逻辑与困境突破 . 现代经济探讨（1），33-37.

Arao T，Ishikawa S，Murakami M，et al. 2010. Heavy metal contamination of agricultural soil and countermeasures in Japan [J]. Paddy and Water Environment，8（3）：247-257.

Fang F，William E K，Brezonik P L. 2005. Point nonpoint source water quality trading：a case study in the Minnesota River Basin [J]. Journal of the American Water Resources Association（6）：645-658.

Segerson K，Walker D. 2002. Nutrient pollution：an economic perspective [J]. Estuaries（4）：797-808.

附件　调查问卷

问卷编码：______________ 调研员：____________ 调查时间：2017 年 ____月 ____日

关于耕地重金属污染第三方治理农户满意度与参与意愿研究的调查问卷

尊敬的农民朋友：

您好！

我们是中国农业科学院农业经济与发展研究所的研究人员。为进一步完善耕地重金属污染的修复治理机制，特设计此调查问卷。本次调查仅为学术研究需要，不会泄露您的任何信息，希望您能抽出宝贵的时间认真填写此问卷！祝您及家人幸福安康！

A. 被访者基本情况

调查地点：湖南省______市______县（区）__________镇________村

A1. 户主的姓名：________ 联系电话：____________

A2. 户主的年龄：____________性别：________ 0. 女 1. 男 受教育年限：__________年

A3. 请问户主是否是党员____，是否担任村干部____，是否以务农为主（每年进行农业种植、养殖 10 个月以上）________0. 不是 1. 是

A4. 您家常住人口有______人，长期从事农业生产劳动的有____人，兼业____人、外出务工______人。

A5. 2016 年家庭总收入______元，其中种植业收入______元、养殖业收入________元、务工收入________元、其他收入

______元。

A6. 您家的耕地是否流转出去由他人耕种______0. 没有 1. 有。如果有，流转出去____亩，每亩租金____元。

B. 耕地重金属污染风险认知

B1. 您对耕地重金属污染了解吗？______

1. 一点不了解 2. 了解一些 3. 了解 4. 比较了解 5. 非常了解

B2. 您认为耕地重金属污染是否会造成农作物减产？____

1. 无影响 2. 影响较小 3. 有影响 4. 影响较大 5. 影响很大

B3. 您认为耕地重金属污染会危害居民的身体健康吗？____

1. 无影响 2. 危害较小 3. 有影响 4. 影响较大 5. 影响很大

B4. 耕地重金属污染对您家农业生产有影响吗？______

1. 无影响 2. 影响较小 3. 有影响 4. 影响较大 5. 影响很大

B5. 您认为耕地重金属污染是否应该治理？____

1. 没有必要 2. 无所谓 3. 应该治理

B6. 您对重金属污染耕地修复治理措施了解得多吗？____

1. 完全不了解 2. 知道一些 3. 非常了解

B7. 您知道什么是低镉水稻品种吗？______

1. 完全不了解 2. 知道一些 3. 非常了解

B8. 您家是否种植水稻？________0. 否 1. 是

B9. 如果种植水稻，是否加入水稻生产销售专业合作社？________0. 否 1. 是

A7. 您家2016年实际种植耕地（包括水田和旱地）共______亩，分成____个地块，请将每个地块的情况填写在下表中。

耕地地块	面积（亩）	是否为租赁他人的耕地？（0. 否 1. 是）。若是请填写租金_（元/亩）	主要种植作物	每亩年纯收益（元）	您家耕地属于哪个区？1. 达标区 2. 管控区 3. 替代种植区	是否因重金属污染而休耕？（0. 否 1. 是）。若是请填写补贴标准____（元/亩）	是否因重金属污染而调整种植结构。（0. 否 1. 是）。若是，请填写调整前后种植作物	是否为重金属污染修复第三方治理区。（0. 否 1. 是）。若是，请填写治理企业名称_____
D1								
D2								
D3								
D4								
D5								
D6								
D7								
D8								

A8. 请问您对目前的休耕补贴金额满意吗？__________ 0. 不满意　1. 满意

A9. 您家2016年种植的水稻品种是？________

0. 原有水稻品种　1. 低镉水稻品种（湘早籼32、湘晚籼13号、株两优819等）　2. 其他

A10. 您家水稻主要用于________1. 自家食用　2. 部分自食部分售卖　3. 市场售卖　4. 政府（粮库）收购

C. 耕地重金属污染第三方治理的满意度评价

C1. 您对重金属污染耕地修复第三方治理项目了解吗？

____

1. 完全不了解　2. 了解一些　3. 了解　4. 比较了解　5. 非常了解

重金属污染耕地修复第三方治理项目是指由“政府主导、企业承包、农户参与”的大规模第三方治理服务模式。

C2. 2016 年您家耕地是否参加了耕地重金属污染修复治理试点____0. 否　1. 是（如果选择“否”，则直接回答下一页 D 部分）。若参加了治理修改试点，是否为第三方治理____0. 否　1. 是（第三方治理是由永清环保、佛山铁人等企业承担的，由企业指导各项技术措施推进落地）（如果该项选择“是”，请回答下面两个表中“第三方承包治理”列；如果选择了“否”，请回答下面两个表中“政府承包治理”列）

2016 年	政府承包治理	第三方承包治理
C3. 参加污染修复治理试点的耕地面积	____亩	____亩
C4. 试点承担单位是否就耕地重金属污染治理进行过宣传	0. 否　1. 是	0. 否　1. 是
C5. 试点承担单位就耕地重金属污染治理开展的技术培训次数	____次/年	____次/年
C6. 修复治理过程中，是否有专业技术人员进行指导	0. 无　1. 有	0. 无　1. 有
C7. 试点过程中，专业人员的技术指导是否及时、到位	0. 否　1. 是	0. 否　1. 是
C8. 耕地污染修复治理试点采取措施有哪些（本表后选项：V、I、P、n）？		
C9. 各项修复治理措施的到位率	____%	____%

VIP+n：其中 V 是指选择镉低积累品种等生物措施，I 是指淹水灌溉、水分管理等农业措施，P 是指施用石灰、土壤调理剂等调整 pH，n 包括喷施叶面阻控剂、种植绿肥、深翻耕等

因耕地重金属污染修复治理，2016 年的水稻种植，与往年相比	政府承包治理	第三方承包治理
C10. 是否额外增加了劳动投入	0. 无 1. 增加了＿人·日/亩	0. 无 1. 增加了＿人日/亩
C11. 是否额外增加了物质投入费用	0. 无 1. 增加＿＿元/亩	0. 无 1. 增加了＿＿元/亩
C12. 与试点前相比，水稻产量是否发生了变化	0. 无 1. 减少了＿＿千克/亩 2. 增加了＿＿千克/亩	0. 无 1. 减少了＿＿千克/亩 2. 增加了＿＿千克/亩
C13. 与试点前相比，种植水稻的收入是否发生了变化	0. 无变化 1. 增加了 2. 减少了	0. 无变化 1. 增加了 2. 减少了
C14. 您对耕地重金属污染修复治理试点的满意度评价	1. 很不满意 2. 比较不满意 3. 一般 4. 比较满意 5. 很满意	1. 很不满意 2. 比较不满意 3. 一般 4. 比较满意 5. 很满意
C15. 如果不满意，原因是	1. 耽误农时 2. 增加劳作 3. 造成作物减产 4. 其他（请注明）＿＿＿＿＿＿	1. 耽误农时 2. 增加劳作 3. 造成作物减产 4. 其他（请注明）＿＿＿＿＿

C16. 同政府承包治理相比，您认为由第三方（企业）承包治理的效果？ 1. 更差 2. 一样 3. 更好

D. 耕地重金属污染治理的参与意愿研究

目前针对湖南省的耕地重金属污染，有三种治理修复方案，分别为休耕、种植结构调整、VIP+n 治理。假设您家种植的耕地分别需要休耕、种植结构调整和 VIP+n 治理，那么政府每亩耕地最低给您多少补偿，您才愿意。

D1. 如果您家的耕地属于重金属污染地区，现在有如下几

种修复治理方式（请您逐题回答，不要漏题）：

修复治理方式	补贴标准	选项
A、如果您家地块需要休耕（休耕的意思是：您家的耕地选择休耕后，您今年就不再用种植或者管理您家这块地，而由政府或相关主体接管进行耕地重金属污染治理修复。）	如果政府按照耕地面积发放补偿，您能接受的最低补偿标准是多少？（请回答一个您能接受的最低补偿标准）	0. 不接受补偿或拒绝回答 1. 300元／（年·亩） 2. 400元／(年·亩） 3. 500元／（年·亩） 4. 600元／（年·亩） 5. 700元／(年·亩） 6. 800元／（年·亩） 7. 900元／（年·亩） 8. 1 000元／（年·亩） 9. 1 100元／（年·亩） 10. 1 200元／（年·亩）以上，请填写金额______元／（年·亩）
	如果政府按照耕地面积发放补偿，您能否接受每年每亩300元的补偿标准？（如果不能接受，请选择“0. 否”，并继续回答能否接受相对较高的一个补偿标准。如果能接受，请选择“1. 是”，并继续回答能否接受相对较低的一个补偿标准。下同）	0. 否，那么您能接受600元/（年·亩）吗？______1. 能，那么您能接受200元/（年·亩）吗？______ A. 能 B. 否
	如果政府按照耕地面积发放补偿，您能否接受每年每亩400元的补偿标准？	0. 否，那么您能接受600元／（年·亩）吗？______1. 能，那么您能接受300元／（年·亩）吗？______ A. 能 B. 否
	如果政府按照耕地面积发放补偿，您能否接受每年每亩500元的补偿标准？	0. 否，那么您能接受600元／（年·亩）吗？______1. 能，那么您能接受400元／（年·亩）吗？______ A. 能 B. 否
	如果政府按照耕地面积发放补偿，您能否接受每年每亩500元的补偿标准？	0. 否，那么您能接受800元／（年·亩）吗？______1. 能，那么您能接受300元／（年·亩）吗？______ A. 能 B. 否
	如果政府按照耕地面积发放补偿，您是否能接受每年每亩600元的补偿标准？	0. 否，那么您能接受1 000元／（年·亩）吗？______1. 能，那么您能接受400元／（年·亩）吗？______A. 能 B. 否

（续表）

修复治理方式	补贴标准	选项
	如果政府按照耕地面积发放补偿，您能接受的最低补偿标准是多少？	0. 不接受补偿或拒绝回答 1. 200元／（年·亩） 2. 300元/年·亩 3. 400元／（年·亩） 4. 500元／（年·亩） 5. 600元/年·亩 6. 700元／（年·亩） 7. 800元／（年·亩） 8. 900元/年·亩 9. 1 000元／（年·亩） 10. 1 000元／（年·亩）以上，请填写金额____元／（年·亩）
B、如果您家地块需要种植结构调整（种植结构调整是指无论您家耕地是否是水田，您都不再能继续种植水稻、小麦等粮食作物，必须按照政府统一要求改种棉花、桑树、苎麻等其他经济作物。）	如果政府按照耕地面积发放补偿，您是否能接受每年每亩200元的补偿标准？（如果不能接受，请选择“0. 否”，并继续回答能否接受相对较高的一个补偿标准。如果能接受，请选择“1. 是”，并继续回答能否接受相对较低的一个补偿标准。下同）	0. 否，那么您能接受500元／（年·亩）吗？_______ 1. 能，那么您能接受100元／（年·亩）吗？_______ A. 能 B. 否
	如果政府按照耕地面积发放补偿，您是否能接受每年每亩300元的补偿标准？	0. 否，那么您能接受500元／（年·亩）吗？_______ 1. 能，那么您能接受200元／（年·亩）吗？_______ A. 能 B. 否
	如果政府按照耕地面积发放补偿，您是否能接受每年每亩400元的补偿标准？	0. 否，那么您能接受500元／（年·亩）吗？_______ 1. 能，那么您能接受300元／（年·亩）吗？_______ A. 能 B. 否
	如果政府按照耕地面积发放补偿，您是否能接受每年每亩400元的补偿标准？	0. 否，那么您能接受600元／（年·亩）吗？_______ 1. 能，那么您能接受200元／（年·亩）吗？_______ A. 能 B. 否
	如果政府按照耕地面积发放补偿，您是否能接受每年每亩500元的补偿标准？	0. 否，那么您能接受800元／（年·亩）吗？_______ 1. 能，那么您能接受200元／（年·亩）吗？_______ A. 能 B. 否

（续表）

修复治理方式	补贴标准	选项
C、如果您家地块需要 VIP + n 治理（指的是您可以继续在您家的耕地上种植水稻，但必须采取淹水灌溉、施用生石灰、喷洒叶面阻控剂等措施）	如果政府提供技术指导和治理资金，并要求每个周期的治理效果必须达标，您更倾向于选择＿治理	1. 自己治理　2. 政府主导治理　3. 第三方企业治理
	如果政府仅提供技术指导，不再支付治理资金，并要求您家种出的粮食必须达标，您更倾向于选择＿＿（本题意思是：政府仅提供重金属污染修复的技术指导，重金属污染修复所需的生石灰、土壤调理剂等原料及人力成本均需您家自己承担，并且要求种出的水稻必须符合国家要求，否则您家种出的水稻不能在市场上销售）	1. 自己治理　2. 不治理，改种其他非粮食作物　3. 将耕地流转出去
	如果您选择自己治理，那么每亩耕地进行重金属污染治理所需的生石灰、土壤调理剂等原料成本增加到＿＿元/（亩・年）时，您会放弃粮食生产，而改种其他非粮食作物或者直接将耕地流转出去？	1. 0～50 元／（年・亩） 2. 51～100 元／（年・亩） 3. 101～150 元／（年・亩） 4. 151～200 元／（年・亩） 5. 201～250 元／（年・亩） 6. 251～300 元／（年・亩） 7. 301～350 元／（年・亩） 8. 351～400 元／（年・亩） 9. 401～450 元／（年・亩） 10. 450 元以上，请填写金额＿＿元／（年・亩）